AF459404

Extrait du Journal LE GÉNIE CIVIL

L'ÉCLAIRAGE PUBLIC

PAR LES

LAMPES A ARC

I

Théorie de l'Éclairage public

PAR

ANDRÉ BLONDEL
INGÉNIEUR DES PONTS ET CHAUSSÉES

PARIS
PUBLICATIONS DU JOURNAL *LE GÉNIE CIVIL*
6, RUE DE LA CHAUSSÉE-D'ANTIN, 6
1895

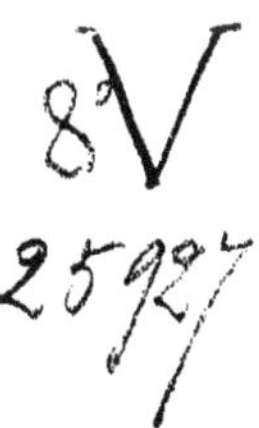

L'ÉCLAIRAGE PUBLIC

PAR LES

LAMPES A ARC

Théorie de l'Éclairage public

Notre œil, accoutumé à des éclairements toujours croissants dans l'intérieur des habitations, modifie peu à peu, sans que nous nous en rendions compte peut-être, son étalon de sensation lumineuse, et tel mode d'éclairage public qui a paru suffisant à une génération paraît mesquin à la suivante.

Dès que, pour répondre à ce besoin, un mode d'éclairage plus intense est adopté dans les voies les plus importantes d'une ville, toutes les rues qui n'en sont pas dotées deviennent obscures par contraste, et on est obligé de le leur appliquer de proche en proche. C'est ce qui est arrivé, par exemple, à Toulouse, quand on a remplacé les 45 becs de gaz de 10 bougies de la rue Alsace-Lorraine par 16 arcs de 1600 bougies, c'est-à-dire un total de 450 bougies par 19 200 bougies; il a fallu presque aussitôt adopter l'éclairage à arc sur les boulevards. De même à Paris, l'éclairage par arc, qui a fait croître la quantité de lumière utilisée en un an sur les grands boulevards dans le rapport de 21 à 130, a entraîné dans la capitale un tel désir de lumière, que l'on se préoccupe aujourd'hui de renforcer l'éclairage de toutes les autres voies.

Nos exigences ne seraient satisfaites d'une manière absolue que si l'éclairage artificiel devenait équivalent à celui de la lumière diffuse moyenne du jour; mais on admettra que nous en sommes loin encore, si l'on constate que l'éclairement des rues ne dépasse pas 4 *lux* (1), et si l'on se reporte au tableau suivant, qui résume les données connues :

---

(1) Nous donnons plus loin la définition de cette unité d'éclairement.

Tableau I.

Quelques chiffres pratiques d'éclairement (en lux).

	Lux
Éclairement d'une place par la pleine lune	$^1/_6$ à $^1/_{10}$
Éclairement moyen d'une voie ordinaire :	
Par bec papillon (H. Maréchal)	0,12
Par bec intensif —	1,29
Par arc électrique —	2,00 à 3,50
Éclairement minimum nécessaire pour la lecture (Kohn) . . .	10
Éclairement dans une galerie de tableaux (Fleming).	10 à 30
Éclairement moyen réalisé pour la lecture, à la lumière du jour.	50
Éclairement d'une surface frappée normalement par les rayons du soleil (L. Weber).	70 à 100.00

Aujourd'hui, l'adoption récente et de plus en plus généralisée des lampes électriques et du bec Auer dans l'éclairage privé va forcer toutes les grandes villes à franchir une nouvelle étape. Ce résultat ne me semble pouvoir être convenablement obtenu qu'en étendant l'emploi des lampes à arc, seule solution qui, en l'état actuel de nos connaissances, permette d'obtenir un bel éclairage d'ensemble sur les voies importantes.

Paris, malgré son nom de Ville-Lumière, a encore beaucoup à faire dans cette direction pour arriver au même niveau que les villes américaines et même que beaucoup de villes européennes; il n'y a, en effet, en service sur nos voies publiques que 313 lampes à arc, soit 28 de moins qu'à Milan, à peine plus qu'à Toulouse (222), à Turin (270) ou à Munich (266), où ce chiffre sera bientôt d'ailleurs plus que doublé (1), tandis que certaines villes des Etats-Unis emploient près de 3 000 arcs pour leur éclairage public (2 775 foyers à New-York). Ce fait tient à ce qu'à Paris on considère l'éclairage par arcs comme un éclairage de luxe réservé à quelques artères, au lieu que dans les villes que je viens de citer, il s'étend à des quartiers entiers comprenant des voies de second ordre.

Comment employer la lumière de l'arc pour réaliser le meilleur éclairage? C'est la question que je me propose d'étudier; dans ce but, j'exposerai d'abord les principes généraux qui constituent la théorie de l'éclairage public, puis j'en ferai l'application aux lampes à arc, en recherchant les meilleurs procédés pour diffuser et distribuer leur lumière.

La théorie que je vais exposer présente forcément beaucoup d'élé-

(1) Quand la ville de Munich aura achevé l'installation de son éclairage public, celui-ci comprendra 780 arcs, et sera le plus brillant qui existe en Europe. Le Conseil municipal de Munich a, du reste, confié la direction de ce service à l'un des électriciens les plus distingués de l'Allemagne, M. Uppenborn, et n'a rien ménagé pour lui donner les ressources nécessaires Une somme de 2 millions et demi vient encore d'être votée pour la construction d'une troisième station génératrice.

ments déjà connus, grâce aux mémoires et ouvrages de MM. Wybauw [1] Weissenbruch [2], Palaz [3], Maréchal [4], etc., que j'aurai souvent occasion de citer; mais j'y envisage, je crois, la question à un point de vue différent, souvent opposé à celui de mes prédécesseurs, et plusieurs des considérations sont nouvelles, ainsi que le système d'unités employé [5].

Bien que je me place plus particulièrement dans l'hypothèse d'un éclairage par arcs, les principes suivants peuvent s'appliquer à toutes les sources de lumière. Ils embrassent deux points de vue tout à fait différents, le second souvent trop négligé : le point de vue physique (ou photométrique) et le point de vue physiologique. Nous allons les examiner successivement.

§ I. **Principes photométriques de l'éclairage public.** — *Définitions et mesures.* — 1° Pour étudier un éclairage, la première chose nécessaire, c'est de connaître les propriétés du type de source employée, c'est-à-dire les intensités lumineuses qu'il présente dans chaque direction. Le temps est déjà loin où l'on se contentait, dans les traités de photométrie, d'admettre l'intensité comme égale dans toutes les directions, ce qui faussait complètement la base même des raisonnements. Il est nécessaire, aujourd'hui, de raisonner sur les sources lumineuses telles qu'elles sont.

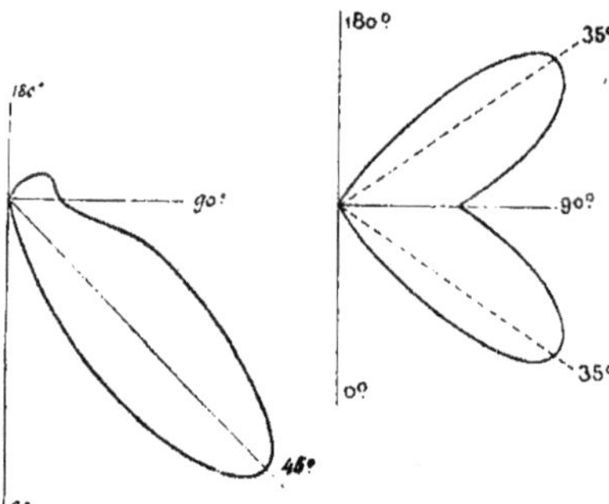

Fig. 1. — Courbe photométrique polaire d'un arc à feu nu à courant continu.

Fig. 2. — Courbe photométrique polaire d'un arc à feu nu à courant alternatif.

(1) Mesure et répartition de l'éclairement : *Bulletin de la Société belge des électriciens*, 1889.

(2) Comparaison de divers projets d'éclairage d'un espace découvert : *Bulletin de la Société belge des électriciens*, 1889.

(3) *Traité de photométrie industrielle*, Carré, éditeur.

(4) *L'éclairage à Paris*. Baudry, éditeur.

(5) Ce système a été exposé avec détails dans un précédent travail : *La lumière électrique* du 7 juillet et *The Electrician* du 28 septembre 1894. Il a été adopté par M. Hospitalier, (*L'Industrie électrique*, 25 juillet) dont j'emploierai ici les notations nouvelles, et plusieurs organes importants de la presse électrique étrangère lui ont donné leur adhésion au moins partielle (*L'Elettricita* de Milan ; *Die Elektrotechnische Zeitschrift* de Berlin ; *The Electrician* de Londres, et *The Electrical world* de New-York, qui fait autorité en matière de notations de l'autre côté de l'Atlantique).

Les sources étant en général symétriques autour de leur axe vertical, il suffit de connaître la *répartition de la lumière dans un plan méridien*; on la figure, comme on le sait, par une courbe polaire dont les rayons vecteurs représentent, par leurs longueurs rapportées à une échelle convenable, les intensités lumineuses I, mesurées suivant la direction correspondante. La forme générale des courbes polaires des arcs à courants continus ou alternatifs (fig. 1 et 2) est aujourd'hui bien connue; quand on emploie des globes, il faut déterminer la courbe correspondante dans les conditions mêmes d'application. On en verra plus loin de nombreux exemples.

Les intensités lumineuses sont exprimées en bougies décimales ou *pyrs*[1].

La connaissance de la courbe photométrique polaire permet de calculer toutes les autres quantités utiles en pratique, c'est-à-dire les *flux de lumière* produits et les *éclairements.*

2° Le *flux de lumière* Φ émis par une source, c'est-à-dire l'ensemble des rayons contenus dans un certain angle solide, s'évalue d'après l'intensité suivant chaque direction, en multipliant chaque intensité I par l'angle solide correspondant $d\delta$,

$$\Phi = \int I d\delta.$$

Dans le cas où l'angle solide est un cône à axe vertical, $d\delta$ peut être représenté (fig. 3) par une zone infiniment petite MM', NN', tracée sur une sphère de rayon 1 avec l'angle générateur $d\alpha$.

On a donc

$$\Phi = 2\pi \int I_\alpha \sin \alpha . d\alpha.$$

On peut faire le calcul *graphiquement* par la méthode de M. Rousseau, en traçant un cercle quelconque de rayon r autour de O comme centre, projetant sur la verticale XX' chaque extrémité N et portant une abscisse correspondante $ab = \text{OA}$. On obtient ainsi une courbe H, qu'on peut appeler la *courbe des flux*, dont on planimètre la surface dans les limites où l'on veut mesurer la lumière. L'aire ainsi obtenue étant égale à $\int I_\alpha r \sin \alpha d\alpha$, il suffit de la multiplier par $\frac{2\pi}{r}$ pour avoir le flux Φ.

Par exemple, le flux émis par la source dans un cône de révolution d'angle HOA est égal au produit de l'aire couverte de hachures par le facteur $\frac{2\pi}{r}$ et si les intensités sont exprimées en pyrs, le flux

(1) L'adoption du mot *pyr* a pour but de mettre fin aux confusions interminables qu'occasionne l'emploi de différentes *bougies* dans les différents pays. Le *pyr* est défini comme égal à $\frac{1}{20}$ de l'étalon Violle. Sa valeur est égale à $\frac{1}{0.962}$ carcel, $\frac{1}{1.22}$ bougie allemande, $\frac{1}{1.06}$ unité Hœfner ou $\frac{1}{1.08}$ candle anglaise.

se trouve évalué en *lumens*. (Le *lumen* est défini par le flux émis dans un angle solide égal à l'unité par une source de 1 pyr).

Dans le cas où l'on se contente avec raison de planimétrer par la méthode de Simpson, on peut éviter la multiplication par $\frac{2\pi}{r}$ en prenant pour les ordonnées *aa'* une échelle différente de celle des abscisses *ab* (1), et telle que $XX' = 4\pi = 12,57$ unités de cette échelle.

Dans ces conditions, les segments *aa'* donnent par simple lecture les

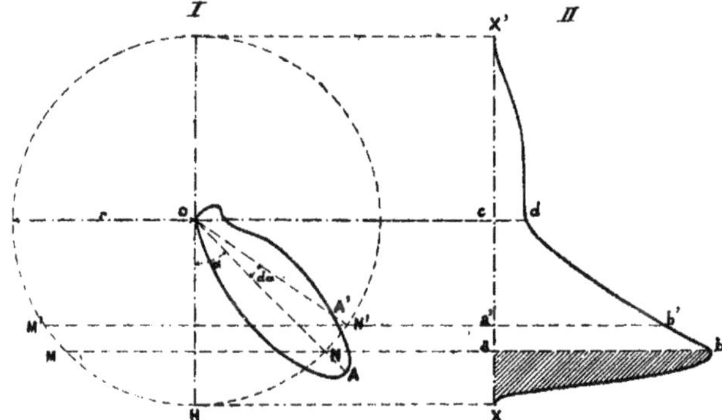

Fig. 3. — Détermination du flux par la méthode graphique.
I, courbe des intensités ou courbe photométrique; — II, courbe des flux.

angles solides eux-mêmes, et la méthode de Simpson le flux en lumens sans aucun facteur étranger.

L'intensité lumineuse moyenne sphérique qu'on considère habituellement et qui est égale au flux total divisé par $H\pi$ n'est qu'un artifice inutile et la considération de cette moyenne, loin de présenter des avantages dans l'éclairage public, est une source continuelle d'erreurs, parce qu'elle donne la tentation d'attribuer aux foyers une intensité uniforme égale à cette moyenne sphérique ; on confond aussi trop aisément celle-ci avec la moyenne hémisphérique (égale au flux émis au-dessous de l'horizon divisé par 2π).

3° Les *éclairements* E, produits par la source en un point de l'espace dépendant de l'orientation de la surface sur laquelle on les mesure. On peut définir en effet l'éclairement sur une petite surface comme le rapport du flux $d\Phi$ lumineux, qu'elle reçoit à la dimension de son aire dS :

$$E = \frac{d\Phi}{dS}.$$

(1) L'échelle des longueurs *ab* exprimées en *pyrs* est la même que celle des rayons de la courbe polaire AA'.

L'unité d'éclairement, le *lux* (ou bougie-mètre), est l'éclairement produit par un flux de *1 lumen* tombant sur une surface de 1 mètre carré ou, ce qui revient au même, l'éclairement produit normalement par *1 pyr* à 1 mètre.

Le maximum d'éclairement a lieu sur un plan perpendiculaire aux rayons lumineux. Nous appellerons cet éclairement l'éclairement *normal* E_N. Si la normale au plan éclairé fait un angle s avec le rayon, l'éclairement est réduit à la valeur $E_N \cos s$.

Si l'on suppose la source équivalente à un point lumineux, la valeur de E_N se déduit facilement de la courbe des intensités. Traçons en effet

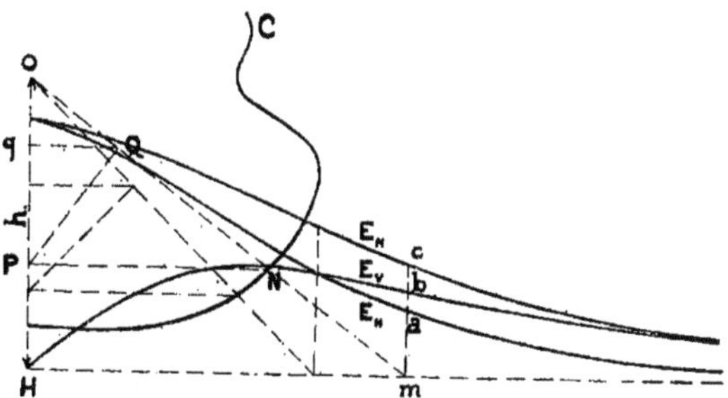

Fig. 4. — Détermination graphique des éclairements.

C, courbe photométrique polaire; — E_N, courbe d'éclairement normal; — E_H, courbe d'éclairement horizontal; — E_V, courbe d'éclairement vertical.

(fig. 4) le rayon OM = r aboutissant au point considéré m, et soit I_α = ON l'intensité dans cette direction; la loi du carré des distances donne :

$$E_N = \frac{I_\alpha}{r^2} = \frac{I_\alpha}{h^2} \cos^2\alpha.$$

Lorsqu'on veut étudier un éclairage public, on suppose en général que tous les points sont dans un même plan horizontal au-dessous du foyer. La distance h est alors une constante, et il suffit d'étudier comment varie le produit $I_\alpha \cos^2\alpha$. Celui-ci s'obtient, si on le veut, graphiquement en projetant N sur OH en p, puis p sur ON en Q : le segment OQ représente E_N à un facteur $\frac{1}{h^2}$ près; mais il est en général plus exact de dresser une table des valeurs de $\cos^2\alpha$ et de faire algébriquement le produit $I_\alpha \cos^2\alpha$.

Connaissant l'éclairement normal en m, il suffit de tracer Qq perpendiculaire à OH pour que les deux côtés du nouveau triangle représentent les éclairements en m sur un plan horizontal ou sur un plan vertical perpendiculaire au méridien :

$$\text{E horizontal} = Oq = E'_N \cos \alpha = \frac{I_\alpha}{h^2} \cos^3 \alpha.$$

$$\text{E vertical} = Qq = E_N \sin \alpha = \frac{I_\alpha}{h^2} \cos^2 \sin \alpha.$$

Le tableau ci-dessous, qui donne les valeurs des 3 multiplicateurs $\cos^2 \alpha$, $\cos^3 \alpha$, $\cos^2$, $\sin \alpha$ pour différents angles, permet de faire les calculs avec plus de précision que n'en offre la construction graphique : celle-ci devient peu avantageuse dès que l'angle est un peu grand.

TABLEAU II

Tableau des données numériques servant au calcul des éclairements.

α	Sin α	Cos α	Tang α	Cos² α	Cos³ α	Cos² α sin α
0	0	1,0000	0	1,0000	1,0000	0
15°	0,2588	0,9659	0,2680	0,9341	0,9022	0,2417
22° 30′	0,3826	0,9238	0,4140	0,8534	0,7880	0,3265
30°	0,5000	0,8660	0,5574	0,7500	0,6495	0,3750
37° 30′	0,6087	0,7933	0,7670	0,6293	0,5000	0,3830
45°	0,7071	0,7071	1,0000	0,5000	0,3535	0,3535
52° 30′	0,7933	0,6087	1,3034	0,3705	0,2255	0,2939
60°	0,8660	0,5000	1,7320	0,2500	0,1250	0,2165
63° 30′	0,8950	0,4460	2,000	0,1989	0,0887	0,1781
68° 10′	0,9280	0,3720	2,4960	0,1383	0,0413	0,1220
71° 10′	0,9460	0,3230	2,9320	0,1043	0,0341	0,0986
71° 34′	0,9480	0,3160	3,0000	0,0998	0,0315	0,0946
73° 17′	0,9580	0,2880	3,3333	0,0829	0,0238	0,0794
75°	0,9659	0,2588	3,7320	0,0669	0,0173	0,0646
75° 58′	0,9700	0,2420	4,0000	0,0585	0,0141	0,0567
78° 42′	0,9810	0,1960	5,000	0,0385	0,0075	0,0377
81° 28′	0,9890	0,1490	6,6666	0,0222	0,0033	0,0219
84° 18′	0,9950	0,1000	10,0000	0,0100	0,0010	0,0099
85° 42′	0,9970	0,0750	13,3333	0,0056	0,0004	0,0055
90°	1,0000	0	∞	0	0	0

En portant, au point m, les valeurs $E_N = mc$, $E_N = ma$, $E_V = mb$ en ordonnées, on peut sur l'épure tracer par points des courbes continues d'éclairement normal, horizontal et vertical E_N, E_H, E_V en fonction de la distance au pied du candélabre. Il est très avantageux de tracer ces courbes en prenant h égal à l'unité de longueur ; les ordonnées représentent alors en *lux* les éclairements pour une hauteur de foyer de 1 mètre, et de simples changements d'échelles permettent de *lire sur la même épure* et sans tracés nouveaux les éclairements obtenus pour toute autre hauteur de globe. Par exemple, si on veut supposer $h = 6$ mètres, il suffira de réduire au 1/6, l'échelle des abscisses, et d'augmenter l'échelle des lux dans le rapport $h^2 = 36$. De même, si l'on a tracé la courbe d'éclairement pour une hauteur quelconque h (courbe E_H de la figure 5), il suffit, pour obtenir la courbe d'éclairement

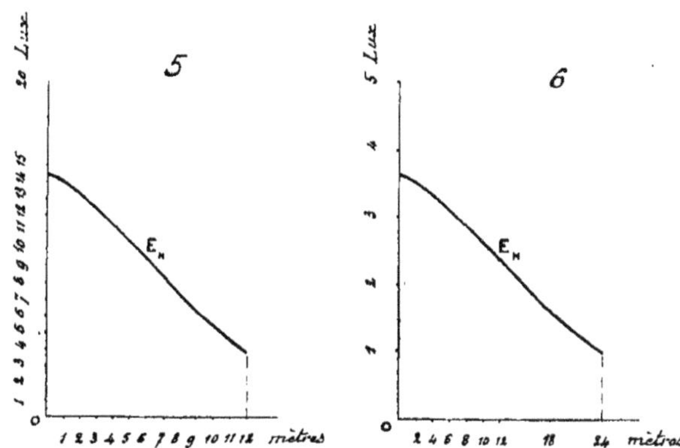

FIG. 5 ET 6. — Modifications à faire subir aux échelles pour qu'une même courbe d'éclairement E_H s'applique à deux hauteurs différentes : h (fig. 5), $2h$ (fig. 6).

pour une hauteur double, de diviser par 2 l'échelle des abscisses et par 4 celle des ordonnées ; on obtient ainsi la courbe E_H (fig. 6).

Influence de la hauteur d'un foyer sur l'éclairement qu'il produit. — On conçoit aisément que, suivant la pente de la courbe, l'éclairement en un point donné du plan horizontal se trouve augmenté ou diminué quand on élève le foyer. On peut en général trouver sur la courbe un ou plusieurs points tels que *la sous-tangente y soit égale à la moitié de l'abscisse;* supposons-les déterminés, et soient S celui d'entre eux qui est le plus rapproché de la verticale du foyer HO, et OR la direction fixe correspondante de la courbe polaire C (fig. 7). On démontre aisément que l'éclairement en tout point a de l'espace atteindra son maximum

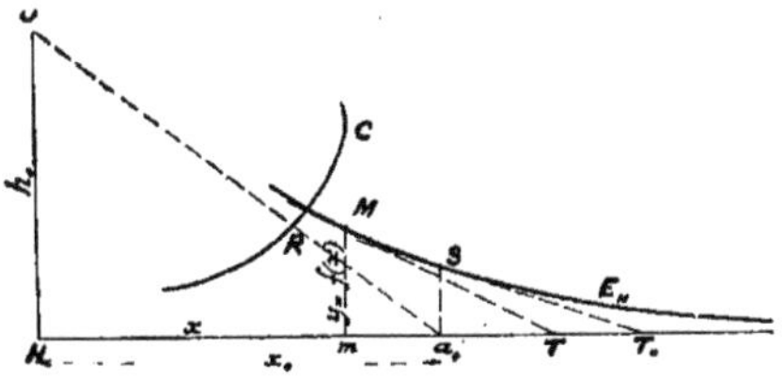

FIG. 7. — Détermination de la direction correspondant à un maximum *relatif* d'éclairement.

relatif pour une hauteur h telle que a se trouve précisément en a' sur la direction OR [1]. Soient l la distance du point a à partir du pied du candélabre, comptée en mètres, x_0 celle du point S sur la courbe d'éclairement E_h (construite par exemple pour une hauteur h_0) également exprimée en mètres; la hauteur correspondante h sera :

$$h = \frac{h_0}{x_0} \times l^m$$

Quand on examine les courbes de répartition des sources de lumière ordinaires, en particulier les courbes d'arc, on voit qu'elles ont toutes une direction de maximum relatif et qu'il existe par conséquent pour toutes une hauteur qui permet de réaliser le plus grand éclairement possible à une distance donnée.

J'ai trouvé ainsi, d'après des courbes qui seront données plus loin, les expressions suivantes pour les éclairements horizontaux :

Arc continu à feu nu.	$h = l \times 0{,}95$
— sous globe dépoli	$h = l \times 0{,}85$
— — opalin	$h = l \times 0{,}85$
— — opale	$h = l \times 0{,}50$ 0,80
— — holophane	$h = l \times 0{,}50$

Ces formules donnent les hauteurs les plus favorables pour un rayon à éclairer connu. On voit qu'elles sont notablement inférieures

(1) Voici cette démonstration : Soit $y = f(x)$ l'équation de la courbe construite dans l'hypothèse d'une hauteur de foyer $= h_0$. Si l'on considère un point A du sol situé à une distance l *fixe dans l'espace*, son abscisse Hm et son point représentatif M sur la courbe varient suivant la hauteur du foyer (puisque l'échelle des abscisses varie en raison inverse de h). Pour une hauteur h, l'abscisse $Hm = x$ sera $= l\frac{h_0}{h}$ et les éclairements auront pour valeurs $h^2_0 \frac{f(x)}{h^2}$. ou en remplaçant $\frac{h_0}{h}$ par sa valeur en fonction de x :

$$E = \frac{x^2 f(x)}{l^2}.$$

l étant constant par hypothèse, on voit que toute modification de hauteur fait varier l'éclairement au point a proportionnellement au produit $x^2 f(x)$ mesuré au point correspondant m de la courbe à échelles variables.

La hauteur qui rend E maximum s'obtiendra donc en déterminant la valeur de x qui annule la dérivée du produit $x^2 f(x)$.

On trouve ainsi la condition

$$-xf'(x) = 2f(x).$$

Or, on reconnait sur la figure que $-\frac{f(x)}{f'(x)}$ est la sous-tangente mT mesurée sur l'axe des x.

La condition de maximum est donc que la sous-tangente soit égale à la moitié de l'abscisse :

$$mT = \frac{1}{2} Om$$

Soit S le point de la courbe pour lequel cette équation est satisfaite et a' le point correspondant de l'axe des x; la ligne oa', qui donne la direction correspondante des rayons incidents, définit la condition du maximum relatif d'éclairement réalisable en tout point de l'espace a, le rapport de la hauteur à distance est donné par le rapport $\frac{h_0}{x_0}$.

à celles qu'indique la formule classique $h = l : \sqrt{2} = 0,7l$, et qu'on commettrait une grave erreur en prétendant s'appuyer sur celle-ci pour le choix de la hauteur. Par exemple sur une hauteur où l'on veut réaliser le plus grand éclairement possible au bord d'un cercle éclairé de 40 mètres de diamètre ($l = 20$ mètres), il faut placer l'arc à une hauteur de 19 mètres pour l'arc à feu nu, de 17 mètres pour l'arc sous globe opalin et de 10 mètres seulement pour l'arc sous globe holophane; tandis que la formule classique indiquerait une hauteur de 14 mètres absolument erronée.

Inversement, pour fournir *une portée maxima* à un éclairement donné E, il suffira de relever le foyer jusqu'à ce que l'éclairement au point du sol rencontré par la direction OR ait précisément cette valeur E : soit E_0 l'éclairement sur OR pour la valeur h_0 : la hauteur cherchée sera donnée par l'équation

$$\frac{E_0}{h^2} = \frac{E}{h_0^2}$$

d'où :

$$h = \sqrt{\frac{E_0}{E}}\, h_0$$

Les considérations précédentes montrent qu'on peut, à l'aide d'une même source, réaliser des lois de répartition de l'éclairement très différentes, suivant la hauteur donnée au foyer. Lorsque la courbe d'éclairement a une *tangente horizontale* au pied du candélabre, on peut toujours se rapprocher, autant qu'on le veut, de l'éclairement uniforme, en donnant à la source une *hauteur suffisamment grande*. On examinera plus loin quelle application pratique il y a lieu de faire de ce procédé. Auparavant, il faut étudier, dans un sens plus général, la question de la répartition de la lumière et de son utilisation.

Détermination des éclairements résultant de plusieurs sources. — Tout ce qui précède s'applique au cas d'un foyer considéré isolément; ces considérations sont donc d'un ordre plutôt théorique, car, à part les places isolées, les voies publiques exigent plus d'une source lumineuse. Quand il y en a plusieurs, comme sur les boulevards, leurs éclairements individuels doivent être combinés pour donner l'éclairement résultant. Théoriquement, cela ne présente aucune difficulté, car on obtiendra l'éclairement maximum en un point, en grandeur et en direction, en *composant* les éclairements maxima comme des forces suivant la règle du polygone.

Mais, en pratique, la recherche de l'éclairement résultant par cette méthode serait trop laborieuse, eu égard au but poursuivi; on doit donc renoncer ordinairement à l'étude des éclairements résultants maximum et vertical, et se borner à celle de l'éclairement résultant horizontal. Celui-ci est en effet très facile à obtenir en additionnant simplement les éclairements horizontaux composants produits par les diverses sources (1) et déterminés d'abord séparément pour chacune.

On peut étudier de cette manière la répartition de l'éclairement

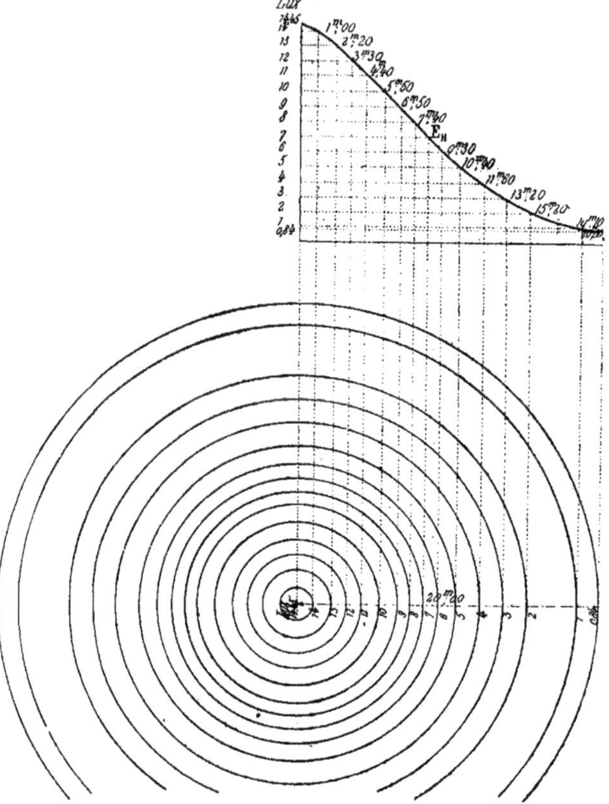

Fig. 8. — Détermination des cercles iso-lux au moyen de la courbe d'éclairement horizontal.

horizontal sur toute l'étendue d'une surface éclairée et la représenter

(1) On a quelquefois évalué les éclairements résultants en faisant la somme des éclairements maxima individuels relatifs à chaque source ; c'était là une erreur grossière sur laquelle il est inutile d'insister : on n'a le droit d'additionner les éclairements que si le plan auquel on les applique reste le même pour toutes les sources en présence.

suivant la méthode connue par des *courbes d'égal éclairement*, qu'on peut appeler, pour abréger, des *courbes iso-lux*. Les courbes iso-lux jouent ainsi dans la photométrie le même rôle que les isothermes dans l'étude de la chaleur. On trouvera de nombreux et très intéressants exemples de semblables plans de répartition par courbes cotées dans le récent et remarquable ouvrage de M. H. Maréchal, où celui-ci en fait une application très heureuse à la représentation de l'éclairement des rues de Paris; le procédé qu'il a employé pour tracer ces plans et qui avait été indiqué déjà par Wybauw et par d'autres, consiste à déterminer d'abord, une fois pour toutes, les cercles iso-lux relatifs à l'un des foyers considéré isolément. Les rayons de ces cercles se déduisent par simple lecture de la courbe de l'éclairement horizontal E_H préalablement tracée dans les conditions d'emploi; par exemple, on voit immédiatement sur la courbe de la figure 8 que les cercles iso-lux correspondant à 1, 2, 3, 4, ... 14 lux, auront pour rayons les abscisses corrélatives, 19m 10, 15m 20, 13m 20, ... 1 mètre.

On reproduit sur le plan de la chaussée cette série de cercles autour de chaque foyer; on peut alors, en chaque point de ce plan, connaître par simple lecture les éclairements individuels et il suffit d'additionner ces valeurs. Quand on a marqué ainsi un grand nombre de points avec leurs cotes, on peut tracer les courbes iso-lux, de la même manière qu'on trace les courbes topographiques d'une carte. On peut du reste considérer ces courbes comme définissant une surface fictive en projections cotées.

Lorsque les foyers sont nombreux, cette recherche devient très longue, et il est bon de la simplifier en négligeant l'éclairement produit par un foyer au delà d'une certaine distance, 80 mètres par exemple; tous les foyers ordinaires ne produisent plus, en effet, à cette distance, qu'une très faible clarté, et l'absorption atmosphérique devient assez importante pour la réduire encore.

Valeur comparative pratique des diverses espèces d'éclairement. — Nous avons indiqué la façon de déterminer les éclairements individuels ou résultants sur un plan quelconque et en particulier sur des plans normaux, horizontaux et verticaux. Lequel de ces éclairements doit-on prendre de préférence pour apprécier l'effet produit par la source de lumière? C'est là une question encore fort controversée. Parmi les Ingénieurs qui l'ont traitée, les uns considèrent seulement l'éclairement normal, les autres, qui sont la majorité, l'éclairement horizontal; aucun n'a tenu compte de l'éclairement vertical.

L'éclairement *horizontal* détermine l'éclairement de la *chaussée*. C'est là un point utile à connaître mais qui n'a pas l'importance capitale qu'on se plaît à lui attribuer; car, d'une part, les aspérités de celle-ci sont souvent dirigées suivant des directions fort éloignées de l'horizontale, et, d'autre part, les promeneurs regardent non seulement le pavé mais les passants et les voitures. Or, l'éclairement de ceux-ci n'a aucun rapport avec le précédent. Pour s'en convaincre, il suffit de considérer le cas d'une source très puissante et peu élevée, placée assez loin pour que les rayons incidents soient très rasants: l'éclairement de la chaussée à cet endroit sera presque nul et cependant les passants sont vivement et utilement éclairés.

L'éclairement horizontal est donc insuffisant par lui seul, et il me paraît tout à fait nécessaire de le compléter par la considération de la quantité qui en est pour ainsi dire complémentaire : *l'éclairement vertical*. Celui-ci est d'autant plus intéressant à faire intervenir que tous les objets fixes (maisons, édicules, affiches, rebords de trottoirs, etc.) et mobiles (voitures), présentent presque exclusivement des faces verticales.

On m'objectera, il est vrai, qu'au delà de la direction à 45°, en deçà de laquelle l'éclairage est en général surabondant, l'éclairement produit par un foyer est toujours plus grand sur un plan vertical que sur un plan horizontal; lorsqu'on détermine l'éclairement horizontal minimum, on peut donc être sûr que l'éclairement vertical est supérieur à ce minimum, et par conséquent il n'est pas nécessaire de s'en préoccuper. Cela est vrai lorsqu'il s'agit d'un seul foyer, mais ne l'est plus du tout lorsqu'on en considère plusieurs, comme on doit le faire dans une rue ou un boulevard : en effet, l'éclairement horizontal résultant est la somme des éclairements des foyers, tandis que l'éclairement vertical minimum peut n'être pas la somme des éclairements verticaux.

Considérons, par exemple, le cas de deux foyers seulement, ou admettons que, sur un boulevard, l'éclairement puisse être réduit à celui produit par les deux foyers les plus voisins, l'effet des autres étant relativement négligeable ; l'éclairement horizontal minimum aura lieu en général sur la ligne médiane *ab* (fig. 9 et 10), et sera égal au double de l'éclairement individuel, tandis que l'éclairement vertical minimum se présentera ordinairement au-dessous de chaque foyer, car l'effet de celui-ci y est nul et l'effet de l'autre très réduit. La corrélation qu'on voudrait établir entre les deux éclairements n'existe donc plus, et, en réalité, deux types de sources différentes peuvent donner dans ces conditions le même éclairement horizontal et des éclairements verticaux très différents; c'est dire que la considération de ces derniers n'est nullement superflue en pratique.

Quant à l'éclairement normal, il est facile de voir qu'il n'y a pas grand parti à en tirer, bien que des spécialistes des plus compétents aient voulu en faire la caractéristique de l'éclairage [1].

Leur point de départ très séduisant, c'est que cet élément donne en chaque point la mesure de l'éclairement maximum possible. C'est parfaitement exact : mais, comme je l'ai dit, d'une part les surfaces éclairées sont presque toutes, soit horizontales, soit verticales ; d'autre

(1) M. Wybauw lui a donné le nom « d'effet utile » que je n'adopterai pas ici dans ce sens, puisque je combats l'emploi de cet éclairement et auquel je conserverai, au contraire, dans la suite son acception vulgaire.

part l'éclairement normal déterminé pour une source isolée ne donne pas par lui-même de renseignement sur l'éclairement maximum résultant de plusieurs sources; celui-ci n'est pas une somme algébrique mais une résultante géométrique, ce qu'ont oublié ses partisans ; leurs calculs pèchent donc en général par la base. On ne pourrait les rendre exacts qu'au prix de complications hors de proportion avec l'importance du résultat poursuivi.

Pour ces deux motifs, nous croyons que l'éclairement normal n'a qu'un intérêt théorique et doit être laissé de côté en pratique : on peut d'autant mieux s'en passer qu'à partir d'une certaine distance il diffère extrêmement peu de l'éclairement vertical.

Moyens simplifiés d'apprécier l'effet utile d'un éclairage public. — La définition de l'effet utile d'un éclairage public est un point très important pour l'établissement des projets et des contrats d'éclairage; car, suivant les bases admises pour ceux-ci, on peut être conduit à des résultats absolument différents, et l'application de telle ou telle condition, d'apparence inoffensive, entraîne souvent des conséquences graves. Jusqu'ici les Ingénieurs ont cherché à caractériser l'effet utile par une seule quantité photométrique : c'est à tort, croyons-nous, car on vient de voir que la considération d'une seule espèce d'éclairement est insuffisante; cependant on conçoit qu'en pratique on puisse trouver avantage, au point de vue de la simplicité, à se contenter d'une notion incomplète, pourvu qu'elle donne une idée approchée de la quantité si complexe qu'on veut mesurer. Examinons donc à ce point de vue les différentes solutions qui ont été successivement proposées.

Autrefois, on définissait l'effet utile d'après la *surface éclairée en plan* et l'*éclairement horizontal minimum* réalisé. Dans les contrats, on indiquait la valeur de ce minimum jugée suffisante pour les besoins de la circulation, et l'on demandait simplement à l'entrepreneur d'éclairer la surface donnée sans descendre au-dessous de ce minimum. Tel était en particulier le système bien connu des chemins de fer de l'État belge. Ceux-ci laissaient au concessionnaire l'absolue liberté dans le choix, la hauteur et la répartition des sources lumineuses : dans ces conditions il y avait tout avantage pour l'entrepreneur à dépasser le moins possible le minimum et à employer par conséquent des foyers faibles et très rapprochés, et à adopter le gaz de préférence à l'électricité.

M. Weissenbruch, dans une étude aujourd'hui classique [1], a montré les inconvénients d'un semblable critérium, qui, s'il est pris comme condition unique, ne tient aucun compte de la lumière surabondante émise par les gros foyers à faible distance ; celle-ci, d'après l'expérience acquise, ne saurait être considérée comme inutile. M. Weis-

(1) Comparaison de plusieurs projets d'éclairage d'un espace découvert. *Bulletin de la Société belge des électriciens, 1889.*

senbruch en a conclu à la nécessité de tenir compte de l'*éclairement moyen* de la surface éclairée. Pour calculer celui-ci, M. Wybauw a introduit une notion nouvelle, celle du « volume d'éclairement », à laquelle il a été conduit en assimilant, comme on l'a dit plus haut, les courbes iso-lux, tracées sur le plan de la surface éclairée, à des courbes de niveau définissant une surface topographique fictive. Le volume compris entre cette surface et le plan zéro constitue le *volume d'éclairement* ; on l'obtient en planimétrant successivement les zones d'égal éclairement. L'ordonnée moyenne de ce volume définit l'éclairement moyen.

C'est par cette méthode classique que M. H. Maréchal a obtenu les éclairements moyens sur la chaussée des voies parisiennes (nous reproduisons plus loin les résultats très intéressants de ses calculs); elle a le grand avantage de rétablir plus équitablement la balance en faveur des gros foyers, puisqu'elle tient compte de l'éclairement produit à toute distance.

Mais les considérations par lesquelles on prétend ainsi arriver à la notion de l'éclairage moyen sont de nature à donner une idée fausse, comme nous l'avons souvent constaté déjà, de la quantité physique que représente le volume d'éclairement. Celui-ci est en effet tout

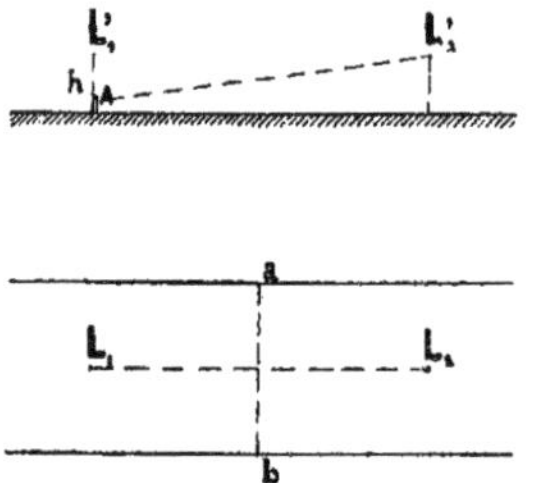

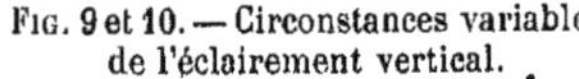

Fig. 9 et 10. — Circonstances variables de l'éclairement vertical.

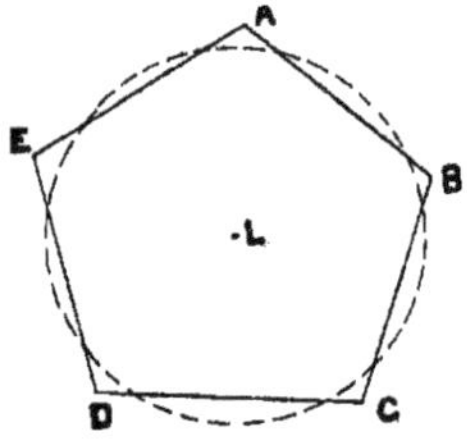

Fig. 11. — Détermination approximative du flux sur une place éclairée par un seul foyer.

simplement le *flux de lumière* total que reçoit le plan éclairé [1], et il est par conséquent indépendant de la direction des surfaces éclairées, tandis que la définition du volume d'éclairement semble supposer exclusivement l'éclairement horizontal.

L'éclairement moyen n'a donc pas besoin de définition compliquée ; c'est tout simplement « le rapport du flux lumineux total reçu par une surface à l'aire de cette surface ».

(1) La quantité choisie comme unité d'éclairement, par M. Maréchal, sous le nom d'arc-bougie-mètre est en réalité un *flux* de 100 lumens, et l'arc-bougie-mètre-heure est une *quantité de lumière :* l'hecto-lumen-heure.

Détermination du flux de lumière utile. — Tous les auteurs que nous avons cités mesurent l'éclairement horizontal au niveau *de la chaussée.* Ils admettent ainsi implicitement que le pavé est la seule partie des voies publiques qu'il importe d'éclairer. C'est là, je crois, une hypothèse erronée, car il est tout à fait nécessaire que les passants sur les trottoirs se voient les uns les autres et puissent retrouver la porte de leurs maisons. La lumière peut donc être considérée comme utile au moins jusqu'à $1^{m}50$ au-dessus de la chaussée dans tous les cas, et on verra plus loin que c'est encore bien souvent insuffisant. C'est ce qui a conduit sans doute M. Wedding [1] à mesurer les éclairements horizontaux sur un plan situé à $1^{m}50$ à partir du pavé; mais, cet auteur ne s'est pas aperçu que l'éclairement *horizontal* ne répond plus à rien dans ces conditions, car il n'y a aucun objet à éclairer horizontalement à $1^{m}50$ au-dessus du sol. Si l'on prend le plan d'éclairement à $1^{m}50$ ou mieux à 2^{m}, ce ne doit être que pour évaluer le flux total qui le traverse.

Quel que soit le plan horizontal choisi comme limite, le flux qu'il reçoit ne peut être calculé exactement qu'au moyen des courbes isolux, ainsi qu'on l'a expliqué plus haut. Mais, sous cette forme, la méthode est bien laborieuse; aussi, se contentera-t-on le plus souvent d'évaluations approximatives plus rapides, parfaitement justifiées dans les problèmes de ce genre, où il serait illusoire de rechercher la rigueur. Par exemple, dans le cas d'un arc L placé au centre d'une place irrégulière ABCDE (fig. 11), on pourra prendre comme flux utile celui contenu dans un cône de révolution qui coupe

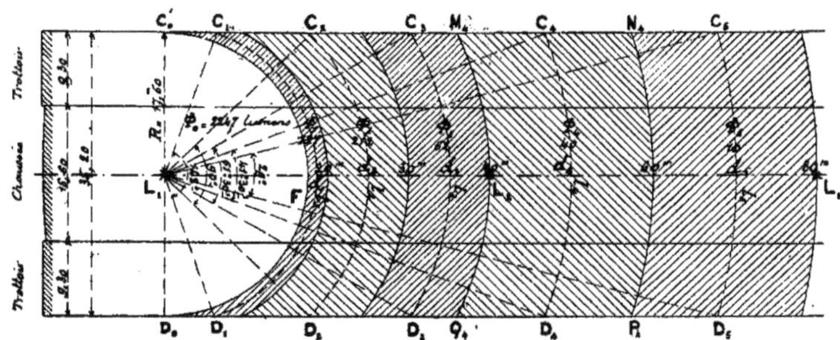

Fig. 12. — Détermination du flux lumineux utile dans une rue.

à la hauteur de 2 mètres la verticale de B. Ce cône étant déterminé par son angle, le flux correspondant se mesure sur la courbe polaire de la manière indiquée plus haut.

---

(1) Dr Wedding, Photometrische Messungen an Bogenlampen. *Verhandlungen des Vereins zur Beförderung des Gewerbefleisses*, 1889, p. 105.

Dans les cas les plus compliqués, où il y a une série de foyers distribués d'une manière quelconque, il n'est pas nécessaire, pour obtenir l'éclairement moyen, de tracer les courbes *iso-lux* de l'éclairement *résultant ;* il suffit de mesurer séparément les flux utiles produits par chaque foyer et d'additionner ces résultats. Il est alors

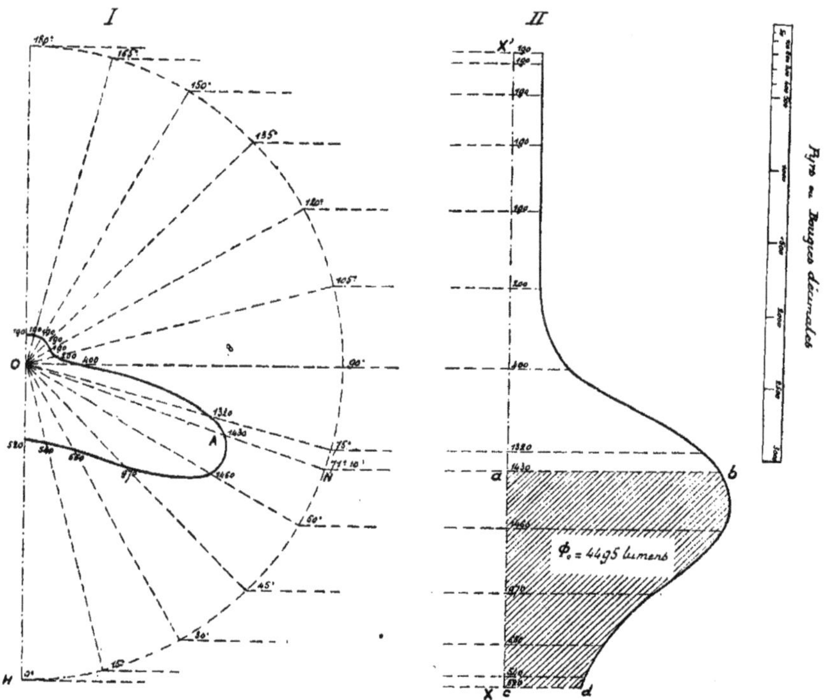

Fig. 13. — Courbe photométrique polaire des intensités lumineuses d'un arc à courant continu de 10 ampères placé sous un globe holophane de 34 centimètres.

Fig. 14. — Courbe des flux lumineux correspondante.

très aisé de faire le calcul, car les courbes iso-lux de chaque source sont des cercles dont la superficie est facile à déterminer.

Pour expliquer plus clairement ce procédé, je prendrai un exemple : Soit une rue rectiligne (fig. 12), ayant pour largeur $C_0D_0 = b = 35^m20$, éclairée par des foyers L_1, L_2, L_3, placés à 6 mètres de haut dans l'axe de la chaussée, espacés de $a = 40$ mètres les uns des autres et définis par leur courbe polaire d'intensité lumineuse (fig. 13 et 14) [1]. On demande le flux utile sur un plan d'éclairement situé simplement sur le pavé.

On tracera en projection verticale sur la figure 15 la courbe de répartition des éclairements horizontaux de L_1 dans le plan vertical passant par L_1, L_2, L_3, éclairements déterminés à 6 mètres au-dessous du foyer. On supposera que l'éclairement est négligeable à partir d'une distance d'environ 80 mètres par exemple. On décrira sur le

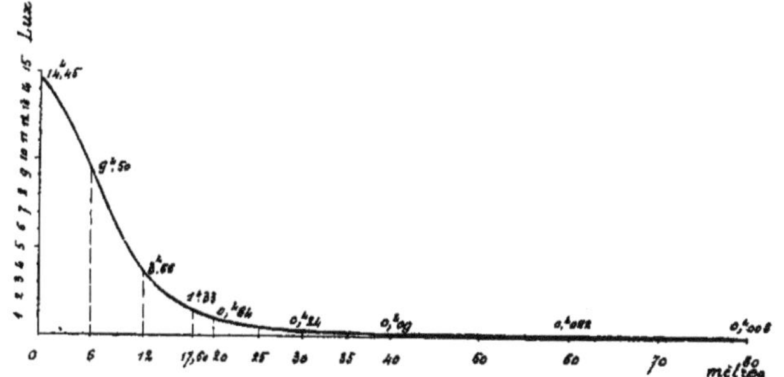

FIG. 15. — Courbe des éclairements horizontaux d'un arc à courant continu de 10 ampères, placé sous un globe holophane de 34 centimètres.

plan horizontal une série de cercles iso-lux à partir du cercle de rayon R égal à 17ᵐ 60, tangent aux maisons. Celui-ci forme la base d'un cône dont le demi-angle au sommet, déterminé par sa tangente $\frac{17,6}{6} = 2,932$, est 71°10′ ; et le demi-flux φ_0 contenu dans ce cône est, d'après la figure 13, égal à $\frac{4\,495}{2} = 2\,247$ lumens. On peut admettre que, dans chacune des zones couvertes de hachures de la figure 12, telles que $M_4N_4P_4Q_4$, l'éclairement est égal à la valeur moyenne E_4 correspondante au cercle pointillé C_4D_4, et prendre comme expression approchée de la surface S_4 de cette zone le produit de la longueur de l'arc de cercle $C_4D_4 = \alpha_4 r_4 = l_4$ par la largeur de la zone d_4. On trouvera ainsi pour le demi-flux φ dans les différentes zones 1, 2, 3, 4, 5, les valeurs approchées données par le tableau III ci-après :

D'où le flux total :

$$\Phi = 2(\varphi_0 + \varphi_1 + \varphi_2 + \varphi_3 + \varphi_4 + \varphi_5) = 5\,386 \text{ lumens.}$$

Celui-ci ne s'applique qu'à un seul foyer. Pour évaluer l'effet total,

[1] La courbe choisie pour cet exemple est celle d'un arc de 10 ampères placé sous globe holophane de 34 centimètres, type des grands boulevards.

sans s'embarrasser de l'influence des extrémités de la rue, il suffit de supposer celle-ci indéfinie; alors, si n est le nombre des foyers qu'elle contient, la surface éclairée est nba, et l'éclairement moyen est simplement $\frac{\Phi}{ba}$, c'est-à-dire le rapport du flux produit par chaque foyer à la surface du rectangle compris entre deux foyers consécutifs. Ici on aura donc comme éclairement moyen :

$$E_m = \frac{5\,386}{40 \times 35{,}20} = 3^{\text{lux}}82.$$

En opérant par le planimétrage direct des courbes iso-lux que nous reproduisons plus loin, on a trouvé :

$$e_m = 3{,}90.$$

On voit ainsi que la méthode approximative donne une exactitude bien suffisante. Et même, comme le flux Φ_0 est prépondérant, il suffit de déterminer très grossièrement les flux suivants en réduisant à deux ou trois seulement les zones étudiées.

TABLEAU III

Tableau des valeurs des flux.

	d Mètres	α Degrés	r Mètres	t Mètres	s Mètres carrés	e Lux	φ Lumens
Zone intérieure correspondant au cône de 71° 10.	»	»	»	»	»	»	2247,00
1re zone extérieure . .	2,40	142	18,80	46,59	111,81	1,085	121,31
Deuxième zone	10,00	90	25,00	39,27	392,70	0,54	212,05
Troisième zone	10,00	61° 30	35,00	37,57	375,70	0,166	62,36
Quatrième zone. . . .	20,00	41° 30	50,00	36,21	724,30	0,056	40,56
Cinquième zone. . . .	20,00	29	70,00	35,42	708,54	0,015	20,62
Demi-flux total :							2692.90

Si l'on avait voulu calculer le flux utile jusqu'à une hauteur h', on aurait fait le même calcul en déterminant les éclairements sur un plan situé à $(6^{m} - h')$ au-dessous du foyer. On aurait ainsi trouvé un flux $\Phi' > \Phi$, et l'éclairement moyen des surfaces éclairées dans leur ensemble, eût été :

$$\frac{\Phi'}{ba + 2h'a} = \frac{\Phi'}{(b + 2h')a},$$

les deux hauteurs de maisons s'ajoutant ainsi simplement à la largeur de la rue.

Enfin, dans bien des cas, on peut, croyons-nous, aller plus loin encore, et considérer comme utile toute la lumière émise dans l'espace au-dessous du plan horizontal passant par le foyer lumineux ; car l'éclairement des façades, des arbres, etc., jusqu'à 7 ou 8 mètres de hauteur, est presque toujours avantageux, non seulement parce qu'il donne lieu à de la lumière diffusée, mais aussi parce qu'il permet d'embrasser d'un coup d'œil l'ensemble d'une voie et des constructions qui l'encadrent. On pourra prendre alors comme mesure du flux utile tout le *flux hémisphérique inférieur*, qui est donné immédiatement par la courbe polaire ; ce procédé peut fournir des chiffres péchant un peu par excès (1), mais il est tellement simple qu'il doit être recommandé à ce titre ; il est, d'ailleurs, le plus équitable dans les rues étroites où les maisons sont vivement éclairées.

Lorsqu'on aura calculé le nombre total de *lumens* reconnus utiles, il suffira encore de le diviser par la surface *totale* éclairée, pour avoir l'éclairement *moyen* général en lux.

Dans l'exemple précédent, le flux hémisphérique inférieur est de 6 610 lumens, d'après la courbe polaire.

La surface totale éclairée est, pour un foyer, de :

$$40\,(35^{m}20 + 2 \times 6) = 1\,888^{m^2}.$$

L'éclairement moyen de la rue dans son ensemble est donc :

$$E_m = 3^{lux}50.$$

M. Wybauw a introduit dans le calcul de l'éclairement moyen une modification qui consiste à affecter à l'éclairement horizontal produit au pied de chaque candélabre à l'intérieur d'un cône à 45°, une valeur uniforme à l'éclairement horizontal obtenu sur la direction à 45°, sous prétexte que, si l'éclairement est supérieur, cela ne sert à rien. Cette manière de voir a été combattue en général par les spécialistes, mais sans arguments solides. Nous espérons démontrer, par ce qui suit, qu'elle doit être écartée dans l'éclairage des voies publiques, et détruire en même temps un préjugé très répandu relativement à la répartition de la lumière.

Choix de la meilleure loi de répartition de la lumière d'une source lumineuse en vue de l'éclairage public. — Ce qui caractérise toutes les sources de lumière employées actuellement pour l'éclairage public, c'est l'éclairement surabondant qu'elles produisent aux environs immédiats du pied du candélabre. Il en résulte autour de celui-ci une véritable tache de lumière, à bords plus ou moins estompés, en dehors de laquelle l'éclairement suit une loi décroissante extrêmement rapide. Ce fait a frappé depuis longtemps tous les Ingénieurs qui s'occupent

(1) Bien peu d'ailleurs, dans le cas de l'arc à courant continu, car, dans l'exemple précédent, on aurait ainsi 6 610 lumens au lieu de 5 386, soit 13 °/o de plus.

d'éclairage, ei tous ont été d'accord pour le critiquer et exprimer le vœu qu'on puisse répartir la lumière plus rationnellement, ne pas la gaspiller aux abords du candélabre et l'utiliser dans les parties de la chaussée les plus éloignées et par suite les plus déshéritées.

Si l'on prend pour caractéristique de l'éclairage l'éclairement horizontal, la solution qui paraît au premier abord la plus parfaite, c'est de chercher à réaliser pour celui-ci une valeur uniforme, et les spécialistes qui se préoccupent seulement d'éclairer le sol, acceptent résolument cette proposition comme un desideratum pour chacun des foyers pris isolément. La courbe de répartition des intensités lumineuses qui assurerait ce résultat a pour équation, comme on le sait :

$$I_\alpha \cos^3 \alpha = \text{const.}$$

Sa forme est représentée sur la figure 16 (courbe III).

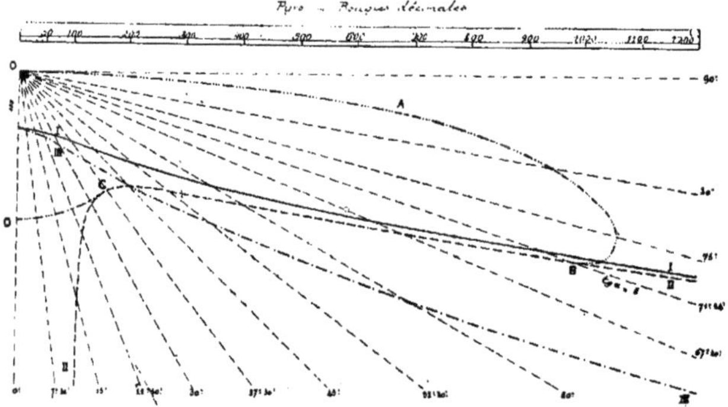

Fig. 16. — Courbes photométriques réalisant sur un plan horizontal l'éclairement uniforme.

I, courbe pour l'éclairement normal uniforme; — II, courbe pour l'éclairement vertical uniforme; — III, courbe pour l'éclairement horizontal uniforme; — OABCD, courbe photométrique idéale.

C'est cette courbe qu'a cherché à réaliser M. P. Trotter, en 1882, à l'aide de ses appareils dont on parlera plus loin. Mais les résultats peu appréciés de cette expérience et une connaissance plus exacte des desiderata des promeneurs ordinaires doivent faire reconnaître aujourd'hui que l'éclairement uniforme n'aurait aucune chance de succès dans l'état actuel de nos ressources, et que, si on le réalisait, ses partisans devraient bien vite y renoncer en présence des réclamations du public.

Celui-ci, en effet, est indifférent à l'uniformité de l'éclairement; il tient à avoir à sa disposition, non seulement une voie moyennement claire dans son ensemble, mais encore quelques espaces plus vivement éclairés; ceux-ci disparaîtraient le jour où l'on répartirait le même flux de lumière uniformément, sans que la légère augmentation de l'éclairement minimum qui en résulterait suffit à compenser la perte de l'éclairement maximum. Pour nous en rendre compte, prenons, par exemple, le cas le plus simple, celui d'un foyer ayant même intensité I dans toutes les directions, en particulier $I = 500$ pyrs, placé à 6 mètres de hauteur, et employons-le à éclairer un cercle ayant pour diamètre sept fois cette hauteur [1]. La courbe des éclairements horizontaux a la forme représentée en **4 A 4**.

Le flux de lumière Φ émis dans le cône de 74° 12′ d'ouverture, correspondant au cercle de base de 7 mètres, est ici tout simplement le produit de I par l'angle solide du cône,

$$\sigma = 2\,\pi\,(1 - \cos 74^\circ\,12') \text{ [2]}.$$

On trouve ainsi :

$$\Phi = 4{,}5\ I = 2\,250 \text{ lumens.}$$

La surface éclairée étant $\pi\,(21)^2 = 1\,320$ mètres carrés, l'éclairement moyen $= \frac{2\,250}{1\,320} = 1{,}7$ lux; tandis que les éclairements minimum et maximum déterminés directement sont respectivement :

$$\frac{500}{6^2} = 14 \text{ lux, et } \frac{500}{6^2 + 2^{12}} = 105 \text{ lux.}$$

Par conséquent, en uniformisant l'éclairement à 1,7 lux, ce qui correspond au petit rectangle de la figure 17, on gagnerait seulement

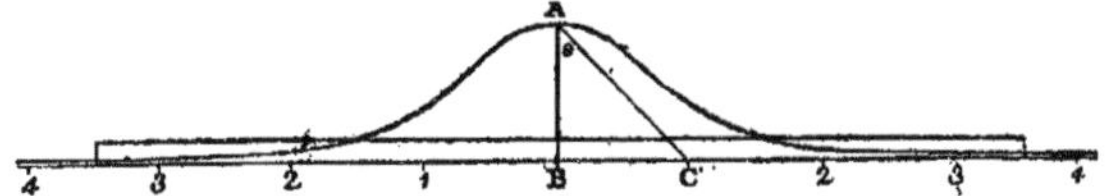

Fig. 17. — Effet de l'uniformisation de l'éclairement horizontal d'une source, le flux lumineux restant constant (la courbe ondulée représente l'éclairement avant l'uniformisation, et le petit rectangle l'éclairement uniformisé).

0,65 lux sur l'éclairement minimum, tandis que le maximum tomberait de 14 lux à 1,7; le public est beaucoup plus sensible au second effet qu'au premier et par conséquent trouverait la chaussée moins bien éclairée. Cette diminution apparente d'éclairage serait d'autant plus marquée que le diamètre du cercle d'éclairement uniforme choisi serait plus grand; car la courbe de répartition montre que le rapport de l'intensité verticale aux intensités obliques diminue très rapidement.

---

(1) C'est la condition qu'avait prise comme point de départ M. Trotter.

(2) L'angle solide σ est par définition la surface interceptée sur une sphère de rayon 1; on le déduit de l'expression connue de la surface d'une zone sphérique : $2\,\pi\,R\,(1 - \cos\theta)$.

On ne doit donc chercher à uniformiser l'éclairement produit par une source qu'à condition de laisser une certaine quantité minimum de lumière surabondante au pied des candélabres ; on peut considérer comme nécessaire l'obtention en ces points d'un éclairement d'une dizaine de lux, permettant une lecture facile, et on devra renoncer à l'éclairement uniforme tant qu'on ne disposera pas de flux lumineux assez abondants pour réaliser partout cet éclairement relativement élevé. Lorsque la production de la lumière sera assez peu dispendieuse pour qu'on puisse réaliser des éclairements moyens de 8 à 10 lux, on pourra rechercher l'éclairement uniforme ; mais encore faut-il bien remarquer que cette uniformisation ne doit s'appliquer qu'à l'éclairement *résultant* de divers foyers et non pas nécessairement à l'éclairement *individuel* de chacun d'eux.

Il est à craindre du reste qu'elle ne présente des inconvénients au point de vue des illusions d'optique qu'elle pourra produire. Supposons, en effet, que la source ait la forme d'une sphère lumineuse uniformément éclairée, comme cela a lieu approximativement avec les globes diffusants. L'intensité lumineuse produite dans chaque direction étant égale au produit de la surface apparente par son éclat intrinsèque, ou que celui-ci devrait aller en augmentant suivant la même loi que I, c'est-à-dire proportionnellement à $\cos^3\alpha$. On aurait donc des foyers de lumière qui paraîtraient plus étincelants de loin que de près [1]. Cet effet dérouterait complètement le public qui ne pourrait plus apprécier les distances ni comprendre l'affaiblissement d'éclat des globes vus de près [2]. De plus, si l'éclairement du sol est uniforme c'est-à-dire $I \cos^3 \alpha$ constant l'éclairement vertical sur les voitures et les passants ira en croissant proportionnellement à $\operatorname{tg} \alpha$, c'est-à-dire proportionnellement à la distance, ce qui produirait un effet des plus étranges.

Pour tous ces motifs nous croyons que le desideratum de l'éclairement horizontal individuel uniforme est peut-être utopique, et qu'en tous cas le moment n'est pas encore venu de chercher à le réaliser.

Dans les circonstances présentes, le maximum de ce qu'on pourrait demander dans cette voie à la loi de répartition de chaque source, c'est l'uniformité de l'éclairement vertical qu'elle produit en dehors du cône formé par les rayons à 45°, tout en conservant à l'intérieur

(1) Cela est évident si l'image sur la rétine n'est pas ponctuelle, car l'éclairement de l'image est alors proportionnel à l'éclat de l'objet. Lorsque l'image sur la rétine est réduite jusqu'à devenir ponctuelle, la quantité de lumière reçue par elle varie proportionnellement à I_α et en raison inverse de la distance de l'œil à l'objet, c'est-à-dire ici proportionnellement à $\cos^3\alpha$. Comme on suppose $I_\alpha \cos^3\alpha = \text{const.}$, on voit que l'éclat apparent croîtrait proportionnellement à $\frac{1}{\cos\alpha}$

(2) Il ne faut pas oublier, en effet, que le public pour apprécier un éclairage regarde beaucoup plus volontiers le globe que le sol et croit même que tout est parfait quand la source lumineuse paraît aveuglante. Quoi qu'on pense de cette singulière façon de juger les choses dont on fera plus loin la critique, il n'en est pas moins nécessaire d'en tenir compte en pratique.

de ce cône plus ou moins de lumière surabondante, comme on l'a dit plus haut. Une semblable loi de répartition est représentée par la courbe II de la figure 16; elle a pour équation

$$I\alpha \cos^2 \alpha \sin \alpha = \text{constante},$$

à partir de l'angle de 45°. Dans ces conditions, on est sûr qu'un promeneur ou un objet qui se déplace sur la direction qui joint deux foyers reste constamment éclairé le plus uniformément possible.

Il est assez intéressant de comparer sur cette figure les trois courbes photométriques correspondant à l'uniformité de l'un ou l'autre des trois éclairements; ces trois courbes ont été tracées à l'aide des résultats des calculs résumés dans le tableau IV, obtenus en supposant qu'on veuille réaliser une intensité de 100 pyrs dans la direction de la verticale. On voit ainsi que la condition relative à l'éclairement vertical entraîne un accroissement beaucoup moins rapide de l'intensité avec l'obliquité des rayons que les deux autres.

Tableau IV

Tableau des intensités des courbes photométriques réalisant l'éclairement uniforme sur un plan horizontal.

Direction angulaire	I Eclairement normal	II Eclairement vertical	III Eclairage horizontal
α	$I\alpha = \frac{100}{\cos^2 \alpha}$	$I\alpha = \frac{100}{\cos^2 \alpha \sin \alpha}$	$I\alpha = \frac{100}{\cos^3 \alpha}$
0	100 pyrs	∞	100 pyrs
7° 30′	101	730 pyrs	102
15°	106	113	110
22° 30′	107	306	126
30°	133	266	153
37° 30′	158	260	199
45°	200	282	282
52° 30)	269	340	443
60°	400	461	800
67° 30′	683	739	1.862
71° 34′	1.002	1.057	3.174
75°	1.494	1.542	6.069
80°	3.322	3.378	19 200
90°	∞	∞	∞

Il ne faut pas oublier d'ailleurs qu'à partir d'une certaine distance on doit, dans tous les cas, renoncer à l'uniformisation des éclairemens pour éviter de perdre trop de lumière par absorption des rayons envoyés au loin. On ne peut, d'autre part, limiter, par exemple, à l'aide de réflecteurs, les rayons à une direction inférieure à celle de l'horizon; car, s'il en était ainsi, les foyers d'une rue ou d'un boulevard ne seraient visibles que jusqu'à une très faible distance, tandis qu'il est absolument nécessaire qu'on en voie simultanément le plus grand nombre possible pour avoir un bon effet de perspective. Mais comme il n'est pas nécessaire qu'ils jouent un rôle *éclairant* appréciable, on peut réduire à une valeur très faible l'intensité des rayons envoyés vers l'horizon.

La meilleure courbe théorique de répartition individuelle affectera ainsi, en définitive, la forme OABCD (fig. 16), en se confondant avec la courbe d'égal éclairement vertical dans sa partie moyenne et avec un cercle dans l'angle de 45°, où l'éclairement est surabondant. Aucune des sources de lumière actuellement en usage ne répond, même de loin, à ce desideratum : celui-ci ne peut donc être réalisé que par des procédés optiques, sur lesquels on reviendra plus loin.

Nous allons examiner d'abord les procédés indirects d'uniformisation qui peuvent permettre de pallier la mauvaise distribution des sources actuelles, c'est-à-dire le choix d'une hauteur favorable et une répartition convenable des foyers. On verra plus tard comment on peut recueillir utilement les rayons envoyés au-dessus de l'horizon dont nous ne nous occupons pas pour le moment.

Choix de la hauteur des foyers. — Les sources de lumière actuellement employées, et en particulier l'arc électrique avec ou sans globes, présentent toutes, dans leur courbe polaire, une direction critique correspondant à un maximum relatif l'éclairement [1]. La conséquence, d'après ce qu'on a vu plus haut, c'est qu'on uniformise l'éclairement produit par chaque foyer, en même temps qu'on en accroît la valeur minimum en augmentant la hauteur.

La clause d'un contrat qui impose un certain minimum d'éclairement horizontal conduit donc à l'emploi des grandes élévations si on la considère seule, surtout dans les cas où l'on emploie des arcs sous globes clairs.

C'est à la trop exclusive considération de ce minimum, sans doute autant qu'au désir d'éviter l'éblouissement, qu'il faut attribuer l'engouement qu'on a eu, au début de l'éclairage électrique, pour les foyers élevés; ceux-ci ont été surtout en faveur aux Etats-Unis [2], où l'on a atteint des hauteurs de 30 mètres et au delà. En Europe, on n'en a fait que peu d'applications étendues, par exemple, croyons-nous, autrefois à Milan. En France on n'a jamais favorisé ce système, et lorsqu'en 1888, M. Eiffel a proposé d'éclairer la capitale à l'aide de grands phares placés sur des tours de 300 mètres convenablement réparties, son idée n'a pas été prise au sérieux par les autorités compétentes; le seul exemple que nous ayons eu des foyers élevés à Paris à la place du Carrousel avait suffi à en éloigner le public et les Ingénieurs; les grands pylônes de 25 mètres qui figurent sur cette place vont même prochainement disparaître, fort heureusement.

En effet, l'uniformité d'éclairement *horizontal* n'est acquise dans ces conditions qu'au prix des inconvénients suivants :

---

(1) On en verra des exemples dans les courbes données plus loin.

(2) Notamment à Detroit, Alleghany, Cleveland, Los Angeles, etc. où les pylônes sont de véritables *tours* portant plusieurs lampes réunies; d'où l'expression de "tower lighting".

1° Une partie seulement du flux émis au-dessous de la lampe tombe sur la chaussée et le bas des maisons; le reste est envoyé trop haut pour servir à autre chose qu'à dessiner les silhouettes des bâtiments environnants;

2° La moindre brume fait subir une absorption énorme aux rayons avant leur arrivée au sol. Ce dernier motif a été suffisant pour forcer les chemins de fer de l'Etat belge à faire abaisser après coup les pylônes de la gare de Schaerbeck (Nord), dont les lampes devenaient inefficaces en cas de brouillard (1);

3° Même en l'absence de brume et dans les rues non plantées et étroites, où on peut considérer comme utile tout le flux hémisphérique inférieur, la *surface totale* éclairée croît avec la hauteur et, par

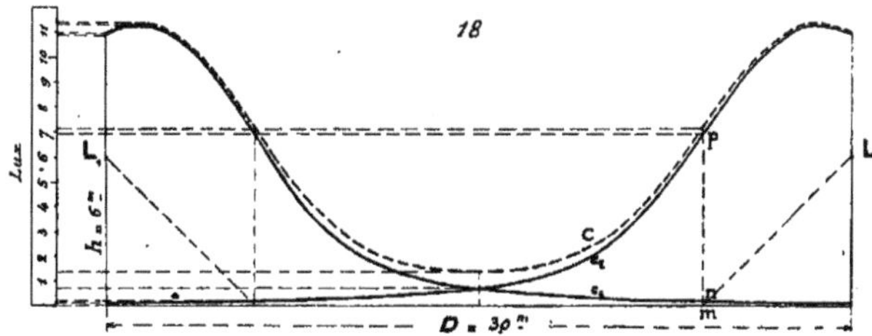

Fig. 18. — Deux arcs à courant continu de 10 ampères, sous globe opalin, placés à 6 mètres de hauteur.

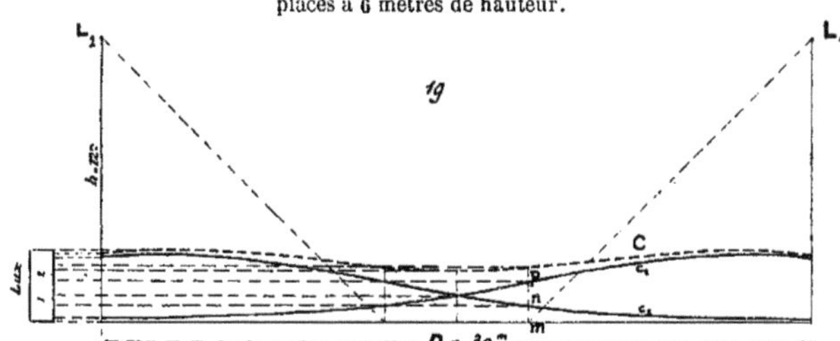

Fig. 19. — Deux arcs à courant continu de 10 ampères, sous globe opalin, placés à 12 mètres de hauteur.

Fig. 18 et 19. — Comparaison entre les éclairements obtenus entre 2 foyers, lorsque leur hauteur varie, l'espacement restant constant.

c_1, c_2, courbes d'éclairement horizontal produites par chaque foyer individuellement. C, courbe de l'éclairement résultant.

suite, l'éclairement moyen calculé de la manière indiquée plus haut diminue; il en est de même *a fortiori* pour l'éclairement maximum.

(1) Weissenbruch, *loc. cit.*

On tend donc vers l'uniformité, mais l'uniformité dans le médiocre. On s'en rendra compte clairement par l'exemple des figures 18 et 19. Celles-ci représentent les valeurs de l'éclairement horizontal sur le sol entre deux foyers égaux dont la loi de répartition est connue. La figure 18 s'applique à des arcs de 10 ampères sous globes opalins placés à une hauteur de 6 mètres, et la figure 19, aux mêmes foyers placés à une hauteur double (12 mètres), l'écartement restant le même D = 30 mètres;

4° La réduction de l'effet utile est bien plus importante encore en ce qui concerne l'éclairement *vertical*, car plus on élève les foyers, plus ils tendent à éclairer les promeneurs de haut en bas. C'est à cet effet qu'il faut attribuer, pour une grande part, le mauvais éclairement apparent réalisé sur la place du Carrousel, et il suffirait à lui seul à faire proscrire les hauts pylônes. Ceux-ci ne conviennent bien qu'à l'éclairage des chantiers, des gares ou des ports, où il est nécessaire d'éviter les effets de contraste. On a cependant quelquefois préconisé l'emploi de foyers très élevés sur *certaines places* publiques (1), et cette disposition peut être justifiée dans le cas où une place étroite est complètement entourée de maisons élevées (2); la lumière qui frappe les façades n'est pas perdue en effet, mais en grande partie réfléchie. Il n'en est plus de même lorsque la place est très grande et incomplètement fermée. L'exemple du Carrousel, que nous venons de citer, le prouve surabondamment. Aussi nous croyons que dans ce cas il y a intérêt à abaisser les foyers, sans descendre cependant au-dessous de 8 à 10 mètres, quitte à perdre sur l'uniformité. D'ailleurs, comme on l'a vu plus haut, l'emploi de globes opalins favorise celle-ci. Nous avons pu nous rendre compte de visu, sur la belle perspective Newsky à Saint-Pétersbourg, que la hauteur de 10m70 adoptée sur cette voie est le maximum admissible au point de vue esthétique et ne serait pas justifiée sur nos boulevards étroits. On gagne également à l'emploi de candélabres peu élevés une plus grande facilité d'entretien lorsque les lampes sont fixes.

Aussi, actuellement ne dépasse-t-on pas 10 mètres sur les voies publiques, même à l'étranger, comme le montrent les chiffres du tableau précédent, pris en Allemagne, Italie, etc.

On voit qu'en France on a depuis longtemps adopté des hauteurs plus faibles que la moyenne, et qui cependant paraissent bonnes comme effet (3) : à Paris, sur les boulevards, les foyers sont à 4m95 ou 5m95 avec des espacements très variables de 25 à 50 mètres. Courant : 10 ampères.

---

(1) M. Pataz notamment indique des hauteurs de 10 à 20 mètres pour des arcs de 10 à 18 ampères.

(2) Ce cas se présente à Bruxelles, où M. Wybauw a pu éclairer d'une manière très satisfaisante la Grande Place à l'aide de deux foyers suspendus à 15 mètres de hauteur.

(3) Ce choix tient surtout à la façon dont le service de nettoyage se fait, l'emploi d'une échelle limite en effet forcément la hauteur.

Sur l'avenue de Clichy, beaucoup moins bien éclairée, es hauteurs sont de 4^{m}95 et 4^{m}45 avec même courant et espacement de 50 mètres.

TABLEAU V

Données sur quelques éclairages publics par arcs (rues et boulevards).

Villes		Nature du foyer	Intensité du courant en ampères	Largeur *moyenne* des voies en mètres	Espacement *moyen* des foyers en mètres	Hauteur des foyers en mètres
Paris	Grds boulevards .	Arc à courant continu avec globe opalin.	10	35	40 à 60	5,95
	Avenue de Clichy	—	10	25	50	4,45, 4,75
Toulouse		—	10	14 à 15	50 à 70	7
St-Pétersbourg (Newsky Prosp)		—	11 à 12	50 à 60	40 à 70	10,50
Milan.		—	4 1/2, 6, 10, 15 et 20	8 à 30	40 à 60	9
Berne.		—	12	15 à 20	60 à 80	9
Munich.		—	5-10	15 à 25	50	8, 10
Hambourg (Jungferstieg).		—	8	16	25-30	8
Berlin	Unter den Linden	—	14-15	»	41 (2 rangées) 60 (1 rangée)	8
	Leipziger Strasse	—	14-15	»	40	5,50
Vienne (essai)		—	10	»	20	5,70
New-York	Avenues	Arc à courants continus avec globe clair.	10 à 11	30	78	6,10
	Rues transvers. .	—	»	18	90	
Le Havre		Arc alternatif avec globe opalin.	12	30 à 45	70 à 80	4,50, 5,50, 7,50
Clermont-Ferrand		—	12 et 20	»	35	6
Zürich (quai du Lac). . .		—	18	30 à 40	60	7
Cologne.		—	10	7 à 10	45 à 60	7

Avec les foyers actuels, c'est-à-dire les lampes à arc sous globes opalins, ces faibles hauteurs tendent bien, il est vrai, à réduire la valeur de l'éclairement *horizontal minimum* ; M. H. Maréchal a montré en particulier qu'à l'avenue de Clichy l'éclairement minimum sur la chaussée tombe de 0.37 lux à 0.18 lux seulement par la simple substitution des candélabres de 4^{m}45 à ceux de 4^{m}95, ainsi que le montrent ses plans d'éclairement comparatifs (fig. 20 et 21). Mais cet inconvénient ne s'applique pas autant à l'éclairement vertical. On peut, du reste, le pallier soit en modifiant artificiellement la loi de répartition des rayons des lampes actuelles, par les procédés indiqués plus loin, soit en répartissant les foyers d'une manière mieux appropriée, ainsi qu'on va le voir.

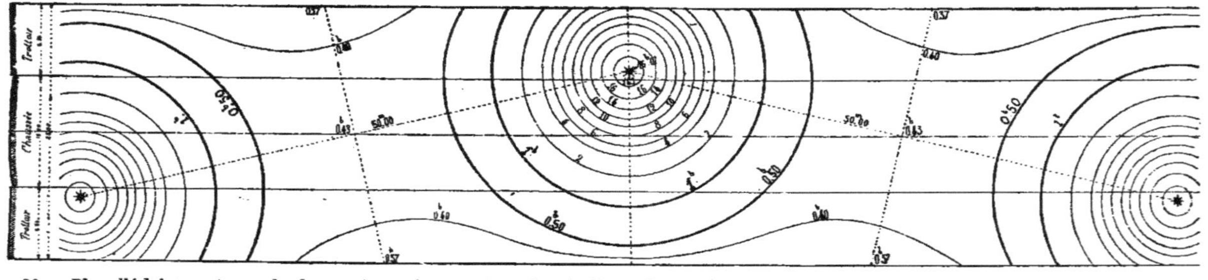

Fig. 20. — Plan d'éclairement avec des lampes à arc, à courant continu de 10 ampères, sous globes opalins. Avenue de Clichy (hauteur des foyers, 4m95).
(Figure extraite de l'*Éclairage à Paris*, par M. H. Maréchal.)

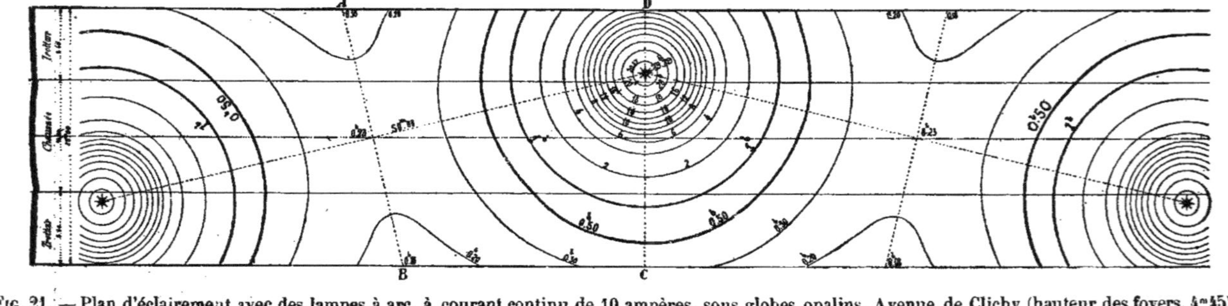

Fig. 21. — Plan d'éclairement avec des lampes à arc, à courant continu de 10 ampères, sous globes opalins. Avenue de Clichy (hauteur des foyers, 4m45).
(Figure extraite de l'*Éclairage à Paris*, par M. H. Maréchal.)

En tout cas, l'expérience actuelle semble établir empiriquement qu'il faut se tenir entre les limites 5 et 10 mètres; 6 et 7 mètres sont les hauteurs les plus courantes en France. Si à Munich on a pu adopter la limite supérieure 10 mètres, c'est parce que les avenues sont certainement peu larges et non plantées, et qu'on emploie des lampes amovibles.

Répartition des foyers. — Le mode de répartition des lampes électriques dépend naturellement de la longueur et de l'importance de la fréquentation des voies à desservir.

1° Tant que la longueur de celles-ci n'est pas trop considérable, la solution la plus avantageuse et la meilleure à tous égards consiste à placer les foyers sur la ligne axiale; c'est la disposition la plus employée aujourd'hui : Berlin, Milan, le Havre, Toulouse, Nantes, Munich, Cologne, Vienne [1], etc., et même Paris, sur une partie des grands boulevards, en fournissent de beaux exemples. Si l'on remarque que, dans l'intervalle compris entre deux foyers, les éclairements individuels s'ajoutent, on voit que l'on peut en général adopter, pour les candélabres, un espacement au moins égal à la largeur de la rue sans que l'éclairement en *n* tombe au-dessous de la valeur admise sur les trottoirs en *a* et *b* (fig. 22). Pour proportionner grossièrement la puissance des lampes à la largeur des rues, il suffira donc, après s'être donné la hauteur maximum des foyers, de choisir une intensité de courant telle que l'éclairement horizontal calculé pour le point *a*, d'après la courbe d'éclairement horizontal de l'arc sous son globe, atteigne la valeur minimum fixée, puis de répartir ensuite les foyers à des distances telles que les mêmes éclairements horizontal et vertical soient atteints ou dépassés aux points *n*, *n'*. L'éclairement en *a*, *b*, sera alors un peu supérieur à la limite.

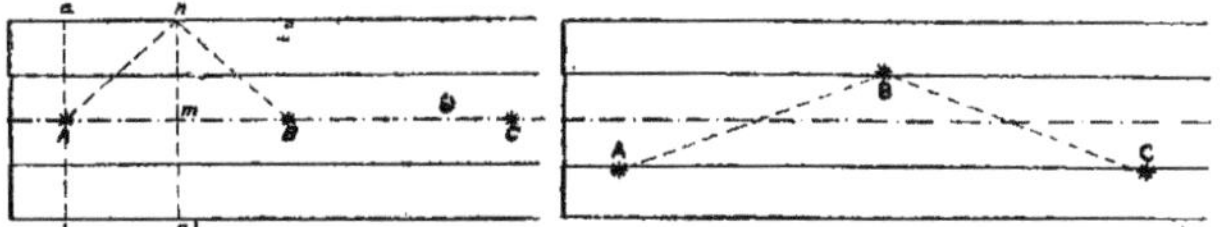

Fig. 22. — Répartition des foyers en ligne directe dans l'axe de la voie. Grands Boulevards (secteur Edison).

Fig. 23. — Répartition des foyers en triangle, alternativement sur chacun des trottoirs (avenue de Clichy).

Cette règle, qui est la plus rationnelle, ne peut évidemment être suivie qu'autant que la rue n'est pas trop étroite et qu'on ne recule pas devant la dépense. Pour les plus petites rues, on peut regarder 25 mètres comme un minimum au-dessous duquel on ne descend

(1) On a essayé également à Vienne un dispositif singulier consistant dans l'emploi de deux lampes suspendues à une même chaîne; cette solution paraît peu recommandable à tous égards, et il ne nous semble pas qu'il y ait lieu de l'imiter.

guère ordinairement. D'ailleurs, dans le cas des rues étroites, la diffusion par les façades joue un rôle très important et rend inutile une proportion exacte des espacements.

2° Dans le cas où il n'existe pas de refuges dans l'axe des chaussées et où on ne peut recourir à la suspension par chaînes, force est d'adopter une solution très inférieure à la précédente, en disposant les foyers en zigzags alternativement sur chaque trottoir (fig. 23). L'éclairement minimum ayant lieu sensiblement au milieu de la distance AC, celle-ci peut être réglée encore d'après l'éclairement minimum à réaliser. La quantité de lumière répandue reste à peu près la même que dans le cas précédent, mais elle est moins bien utilisée.

S'il n'y a pas d'arbres, les faces des maisons renvoient une partie (0,2 à 0,5) de celle qu'elles reçoivent; s'il s'agit d'une avenue plantée, on peut, au contraire, considérer comme à peu près perdue la lumière reçue par les arbres situés à proximité immédiate des lampes, bien qu'elle contribue, dans une certaine mesure cependant, à l'effet d'ensemble en faisant mieux distinguer ces arbres. Cette disposition est adoptée dans un grand nombre de villes d'Europe et d'Amérique, à Paris dans l'avenue de Clichy, à Berlin dans la Leipzigerstrasse, à New-York dans toutes les voies sauf la 5e avenue (1).

Dans les voies larges, on obtiendrait une répartition bien meilleure à égale dépense d'énergie en réduisant le courant de moitié et en doublant le nombre des foyers, comme le montre la figure 24. La disposition en triangle n'est donc recommandable que dans les voies étroites et lorsqu'on ne veut pas recourir à la suspension transversale.

3° Comme on s'en est tenu, en général, jusqu'ici aux lampes de 10 ampères et au-dessus, la disposition de la figure 24, dite en rec-

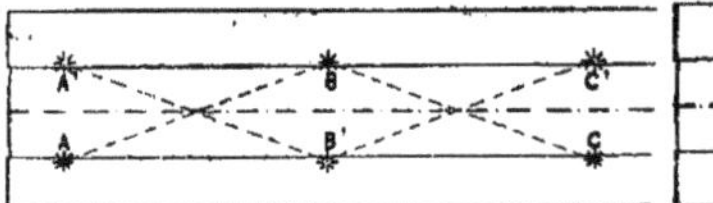

Fig. 24. — Répartition des foyers en rectangle sur les deux trottoirs.

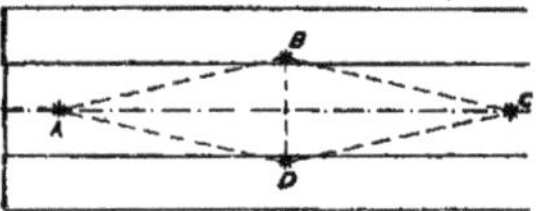

Fig. 25. — Répartition des foyers en quinconce d'après le système mixte des Grands Boulevards (secteur Popp).

tangle, n'est encore appliquée qu'aux voies très importantes, telles que la rue Royale à Paris, Unter den Linden à Berlin, etc.

4° Dans certains cas où l'on désire un éclairage intensif, on peut

(1) Dans cette dernière ville, la disposition des îlots de maisons en damier parfaitement régulier a permis d'adopter un mode de répartition absolument uniforme. Les avenues éclairées ont 30 mètres de largeur et sont coupées tous les 60 mètres par des rues transversales de 18 mètres de largeur. Dans les avenues, les lampes sont placées aux croisements et alternativement sur le trottoir de droite et le trottoir de gauche. Dans les rues transversales, la longueur des blocs de maisons varie de 18 mètres à 23 mètres, et les lampes sont espacées de 90 mètres environ.

être amené à réunir les deux dispositions 1 et 3 sous la forme de quinconces, en adjoignant aux candélabres de rives des candélabres sur les refuges. Telle est la disposition adoptée à Paris sur les grands boulevards (secteur Popp) (fig. 25) et aussi sous une forme un peu différente dans la rue Royale (fig. 26), où l'éclairement sur la chaussée

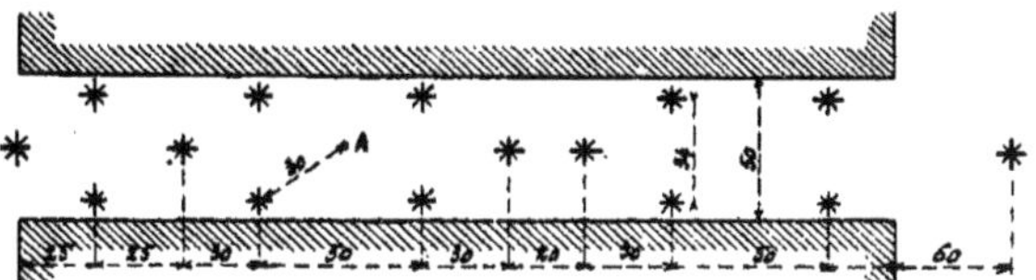

Fig. 26. — Répartition des foyers dans la rue Royale.

atteint, d'après M. H. Maréchal, la valeur moyenne extrêmement élevée de 3,40 lux. Le dispositif en quinconces se prête particulièrement bien à l'éclairage des grandes places ou des jardins; on en verra un exemple intéressant et bien réussi dans l'éclairage de la grande place à Lille, lorsque le projet élaboré par MM. Gavelle, Mougy et Robard, et dont nous reproduisons ici le plan (fig. 27), aura reçu

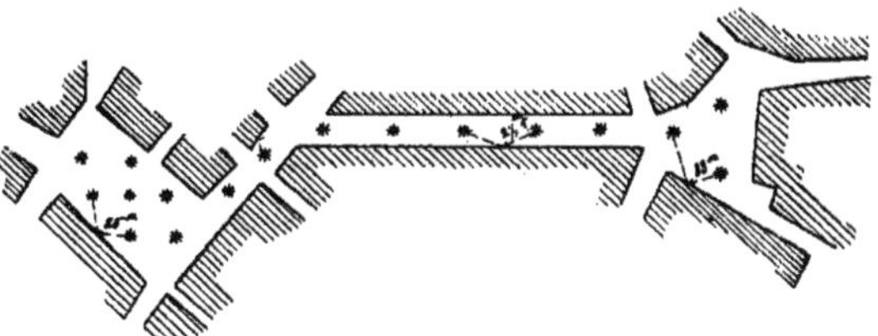

Fig. 27. — Projet de répartition des foyers électriques pour l'éclairage public de la ville de Lille.

son exécution. A New-York, toute la 5e avenue est éclairée de cette manière avec des candélabres doubles; c'est un des plus beaux exemples d'éclairage par arc.

Mais cette disposition, qui multiplie beaucoup le nombre des lampes, est jusqu'ici tout exceptionnelle.

Choix de la puissance lumineuse des foyers. — Toutes les dispositions que nous venons de passer en revue ont, dans la pratique actuelle, un défaut commun, c'est l'espacement considérable des foyers, qui rend la répartition de la lumière très inégale; cela est même un des arguments que font valoir, contre l'emploi de l'arc, les partisans des lampes à incandescence. Cet inconvénient est la conséquence de l'emploi de foyers puissants (sans parler ici de la mauvaise loi de répartition naturelle des rayons). On doit se demander si on ne peut pas le réduire en faisant usage de lampes de plus faible intensité, par exemple, les lampes de 4 à 6 ampères, qui sont aujourd'hui sans emploi sur la voie publique en France et en particulier à Paris, où l'on n'emploie pas d'arcs de moins de 10 ampères. On en trouve d'ailleurs d'assez nombreuses applications dans d'autres capitales, comme le montre le tableau V, pour que le sujet appelle l'attention; la ville de Munich, par exemple, emploie déjà 48 lampes de 5 ampères ; de même à Turin, l'éclairage public comprend 115 régulateurs de 6,8 ampères à côté de 155 lampes à arc de 9,6 ampères; à Milan, quelques régulateurs de 4 $^1/_2$ et 6 ampères sont aussi en service.

Il y a donc, croyons-nous, une question des gros et des petits foyers dans l'éclairage électrique, aussi bien que dans l'éclairage au gaz, toutes proportions gardées, bien entendu.

A première vue, elle paraît toute résolue en faveur des gros foyers, et c'est, en effet, l'opinion courante que dans l'éclairage par arc on doit chercher à réduire le nombre de foyers en augmentant leur intensité. On trouve à cela deux bons motifs : d'une part le rendement lumineux, c'est-à-dire le rapport du flux lumineux produit à la dépense d'énergie, croît avec l'intensité du courant; d'autre part, le prix du candélabre et du régulateur, et l'entretien journalier sont les mêmes quelle que soit la puissance de la lampe, et, par conséquent, leur valeur relative est d'autant plus faible que celle-ci est plus forte.

Mais si l'on examine la question de plus près, on s'aperçoit que les dépenses correspondant à ce chapitre n'entrent en pratique que pour une faible fraction, tandis que l'énergie consommée a une part tout à fait prépondérante dans l'établissement du prix de revient annuel (1).

---

(1) Celui-ci peut être représenté par une expression de la forme :

$$p = A + (B + C) E.$$

A et B étant deux coefficients fixes et E l'énergie consommée.

A comprend l'amortissement du capital engagé (candélabres, lyre et accessoire, branchement, pose, etc.), les frais d'entretien et les salaires du personnel d'allumeurs et de nettoyeurs.

B est le prix de l'énergie, en kilowatt-heures, par exemple, si W est rapporté à cette unité.

C la dépense supplémentaire pour les charbons (cette dépense est sensiblement proportionnelle à l'énergie).

A égale dépense totale d'énergie, on peut regarder que les frais d'établissement de la canalisation principale, dont nous ne nous occuperons pas ici, sont indépendants du nombre de lampes, les frais de branchements croissant au contraire proportionnellement au nombre de foyers.

Si H est le nombre d'heures d'emploi annuel on obtient pour prix de la lampe-heure :

$$\frac{p}{H} = \frac{A}{H} + (B + C)W.$$

W étant la puissance en kilowatts absorbée par la lampe.

Le premier terme sera d'autant plus faible relativement au premier que le nombre d'heures d'emploi sera plus grand.

On trouve, par exemple, à Paris, d'après les chiffres qu'ont bien voulu me communi-

Il en résulte que la variation de ce prix annuel par lampe s'écarte, somme toute, assez peu de la loi de proportionalité avec le courant.

C'est ainsi qu'on a pu fixer, à Milan, les prix suivants, payés par la ville à la Société Edison, et qui nous paraissent très instructifs (1) :

Lampe de 4,5 ampères,	prix de la lampe-heure	Fr.	0,24
— 10 —	—		0,35
— 20 —	(par 2 en série) prix de la lampe-heure		0,75
— 40 —	— —		1,50

A Paris, il est permis de supposer que la ville, qui paie 0 fr. 40 par foyer-heure de 10 ampères, pourrait facilement traiter de même sur le pied de 0 fr. 25 pour des foyers de 5 ampères.

Or, la puissance lumineuse des lampes varie avec le courant suivant une loi parabolique assez voisine de la proportionalité. On peut l'évaluer provisoirement d'après les nombreuses mesures de l'Exposition d'Anvers et la formule de Palaz (2) :

$$I_{max} = 20i + 0,40i^2.$$

En supposant que la forme de la courbe et l'effet des globes res-

---

quer, avec beaucoup d'amabilité, M. Clerc, directeur de la station Drouot, et M. Soubeyran, directeur de la station de la rue des Dames, les résultats suivants :

Éclairage de l'avenue de Clichy.

$$H = 3\,749 \text{ heures}; \quad A = 0,05; \quad C = 0,0135.$$

D'où :

$$\frac{p}{H} = 0,06 + (0,0135 + B)\, 0^{kw}\, 49.$$

(Les lampes fonctionnent à 49 volts).

Éclairage des grands boulevards, secteur Edison.

$$H = 2\,640 \text{ heures}; \quad A = 0,068; \quad C = 0,024.$$

D'où :

$$\frac{p}{H} = 0,068 + (0,024 + B)\, 0^{kw}\, 55.$$

La ville paye 0 fr. 40 par foyer-heure, soit huit fois plus que les frais fixes.

La dépense d'énergie est donc bien prépondérante. En appliquant la même formule, on trouverait pour une lampe de 5 ampères, même voltage.

$$\frac{p}{H} = 0,06 + \frac{0,34}{2} = 0 \text{ fr. } 23,$$

et :

$$\frac{p}{H} = 0 \text{ fr. } 234.$$

Ces formules feraient ressortir le prix du kilowatt-heure à 0 fr. 70 et 0 fr. 60 environ, chiffres inférieurs au prix de revient total moyen estimé par M. Maréchal (1 franc environ pour le secteur Clichy), mais probablement bien supérieurs au prix de revient du kilowatt-heure supplémentaire. Pour les Compagnies, l'exploitation de l'éclairage public doit être d'ailleurs plutôt onéreuse parce qu'elle constitue, il faut bien le dire, une précieuse réclame auprès des consommateurs. Il en est ainsi à peu près partout aujourd'hui, et les municipalités peuvent avec raison profiter de cette circonstance pour obtenir à bon compte l'éclairage de leurs voies publiques, seul service qui intéresse directement tous leurs administrés.

(1) Nous devons ces renseignements à l'obligeance de M. l'Ingénieur C. Corvi.

(2) *Photométrie*, p. 223.

tent semblables à eux-mêmes à toutes les intensités, ce qui est très sensiblement exact, on trouve ainsi :

Nombre d'ampères	Intensité maximum en pyrs	Intensité hémisphérique pratique — A feu nu	Intensité hémisphérique pratique — Sous globe opalin ordinaire
5	1.100	650	300
6	1.200	800	470
8	1.900	1.100	640
10	2.400	1.400	520
12	2.980	1.750	960
15	3.900	2.300	1.350
20	5.600	3.250	1.900

En substituant à des foyers de 10 ampères des foyers de 5 ampères, on voit qu'à égalité de dépense le flux lumineux utile total serait réduit dans le rapport

$$\frac{2 \times 110}{240} \times \frac{40}{2 \times 25} = 0{,}73,$$

mais l'écartement des foyers serait réduit, d'autre part, dans le rapport $\frac{25}{40} = 0{,}625$.

La seconde solution pourra donc être supérieure à la première, parce que la diminution du flux total se fait surtout sentir par la réduction de l'éclairage surabondant, et que l'éclairage minimum se trouve, au contraire, augmenté; il en est ainsi, croyons-nous, tant que la largeur des voies est faible. C'est donc une mauvaise solution de mettre, comme on le fait souvent, des arcs de 10 à 12 ampères dans des rues de 8 à 10 mètres de large avec des espacements de 40 à 60 mètres; on devrait préférer, dans ce cas, des arcs de 5 ou 6 ampères espacés de 20 à 30 mètres. Cette dernière disposition a, en outre, l'avantage de réduire les effets de contraste dont on parlera plus loin.

Bien des villes, surtout les villes de province, auraient tout intérêt à adopter des lampes de 5 à 8 ampères au lieu des lampes de 10 à 15 ampères aujourd'hui presque exclusivement en usage (1); ce ne serait que l'extension à l'éclairage public du mouvement qui se fait en faveur des petits arcs pour l'éclairage privé depuis quelque temps (2).

---

(1) L'emploi de gros foyers peut être cependant avantageux dans le cas où l'énergie est à bas prix et où les frais de charbon et de main-d'œuvre prennent alors une plus grande importance. C'est ce qui se présente, par exemple, pour l'éclairage des gares de chemin de fer qui produisent leur courant elles-mêmes.

(2) Cette conclusion ne s'applique qu'aux courants continus. Avec les courants alternatifs on est conduit, en général, à adopter des intensités plus élevées, et nous en avons expliqué la cause (*Lumière électrique* octobre 1893) par l'instabilité et le mauvais rendement des petits arcs alternatifs.

On ne saurait conseiller, croyons-nous, de donner à ceux-ci une intensité inférieure à huit ampères, et les meilleures conditions de fonctionnement ne peuvent être réalisées qu'avec des arcs d'au moins 10 à 15 ampères. On reviendra plus loin, avec plus de détails, sur cette question de l'arc alternatif.

Exemples d'éclairages existants. — On a cité plus haut quelques-unes des villes de premier et de second ordre où l'éclairage public

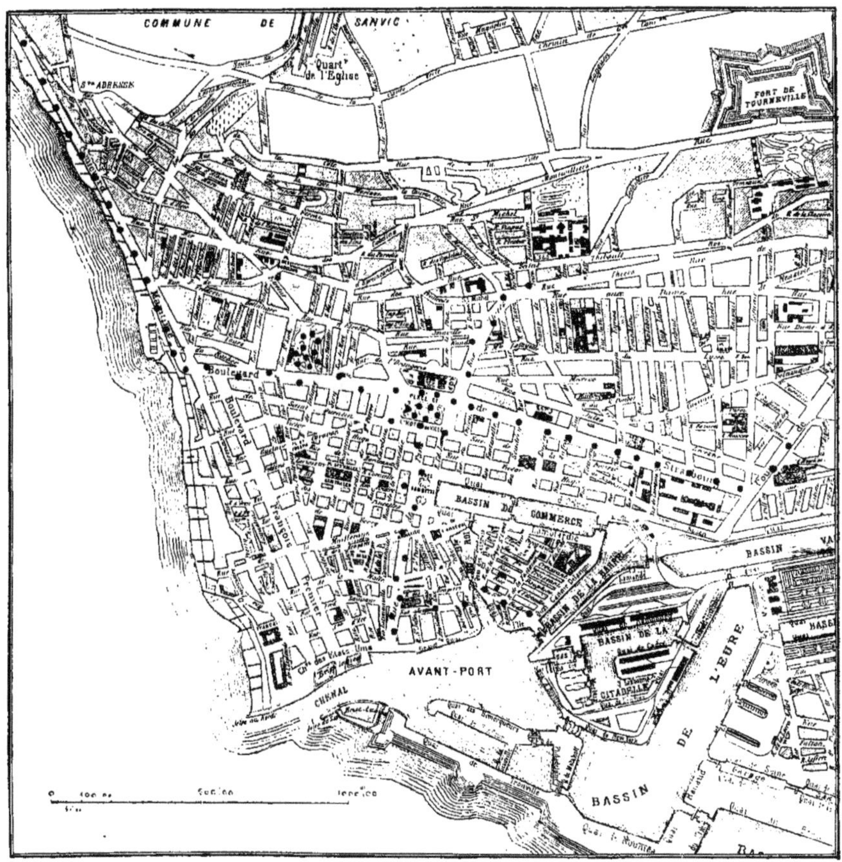

Fig. 28. — Répartition de l'éclairage public dans la ville du Havre.

par arcs est pratiqué avec succès. Nous croyons utile de compléter ici cette indication par la reproduction du plan de répartition des

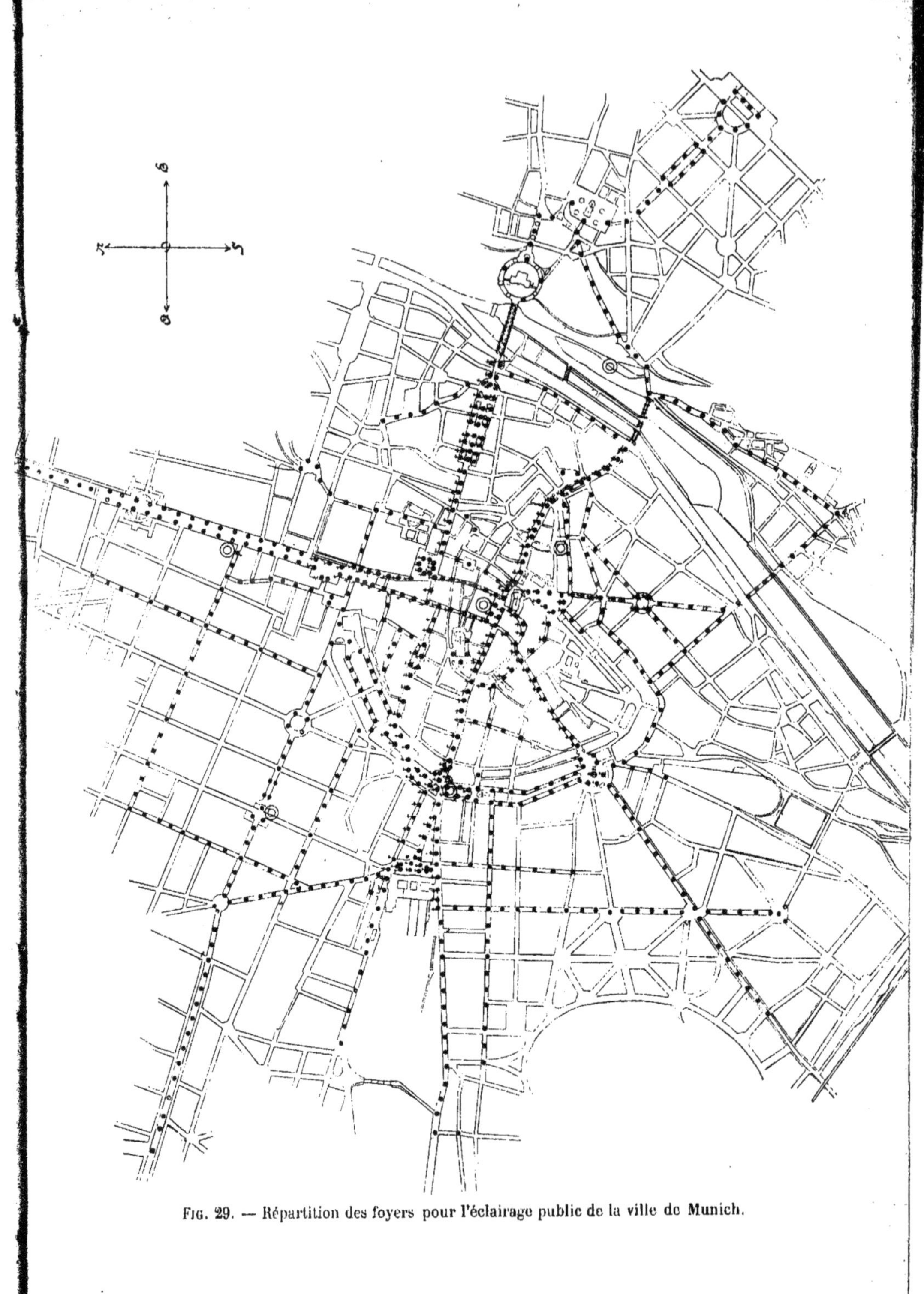

Fig. 29. — Répartition des foyers pour l'éclairage public de la ville de Munich.

foyers dans deux de ces villes, que l'on peut citer comme de bons modèles (1).

La première, le Havre, est le type d'une grande ville de province, active et commerçante, profitant de tous les progrès modernes. La figure 28 indique la disposition des foyers, réalisée par la Société « l'Énergie électrique », sous la direction de MM. Soclet et Février, Ingénieurs de la Ville. Cet éclairage, appliqué seulement aux voies principales, produit l'effet le plus satisfaisant et complète d'une manière fort heureuse celui du port qui, comme on le sait, est excellent.

La deuxième, la ville de Munich est le type d'une capitale moderne, brillamment éclairée par l'électricité; la figure 29 représente la répartition des foyers lorsque l'installation en sera complète (en 1896). Actuellement, il n'y a encore en fonctionnement que les lampes marquées d'une croix, mais on travaille activement, sous la direction de M. l'Ingénieur en chef Uppenborn, à l'extension de l'éclairage et à la construction de la troisième station électrique nécessaire à la production du courant. Comme on l'a dit plus haut, l'éclairage complet comprendra 780 foyers; on remarquera que ceux-ci sont particulièrement nombreux au centre de la ville, où ils sont répartis presque dans toutes les rues, et que leur densité diminue quand on s'éloigne vers les faubourgs; les voies éclairées électriquement ne sont plus alors que les voies principales. En outre, à partir de minuit, on éteint une lampe sur deux, grâce à une disposition convenable des circuits. C'est un système tout à fait logique.

Il faut espérer que d'autres capitales, plus importantes que Munich, se laisseront entraîner par cet exemple dans la voie de l'éclairage rationnel; ce n'est, en définitive, qu'une question de dépenses.

Utilisation de la lumière des foyers. — Dans tout ce qui précède, nous avons insisté sur ce fait que la lumière utile est celle envoyée au-dessous de l'horizon. Il y a donc lieu, en général, de renvoyer vers le bas les rayons que les sources de lumière émettent au-dessus de leur plan horizontal moyen.

Dans le cas des lampes à arc à courants continus, la proportion des rayons envoyés vers le haut est assez faible pour que cette nécessité ne paraisse pas évidente; mais l'addition d'un globe modifie ces conditions en apparence si avantageuses. Pour toutes les autres sources, en particulier l'arc alternatif, il y a un intérêt majeur à récupérer la lumière émise vers le haut en quantité presque égale à la lumière envoyée au-dessous de l'horizon.

Ce résultat n'est obtenu que d'une manière extrêmement imparfaite par les procédés actuels, qui consistent dans l'emploi de diffuseurs en tôle émaillée, blanche ou bleue, auxquels on donne le nom impropre de réflecteurs. On étudiera dans un prochain article ces dispositifs et ceux plus perfectionnés qu'on peut leur substituer; il nous suffira

(1) Nous devons la communication de ces plans à l'amabilité de M. Février et de M. Uppenborn.

de rappeler ici que tout ce qu'on vient de dire de la nature de l'effet utile des foyers, et de la meilleure loi de distribution de leur lumière, s'applique à l'ensemble des rayons émis directement et *indirectement* par la source et *ses accessoires*. L'étude photométrique d'un foyer pour l'éclairage public doit donc, comme l'ont indiqué M. Wedding et M. Maréchal, porter sur tout l'ensemble de l'équipement d'une lanterne. En outre, pour tirer le meilleur parti de ces accessoires, on doit les disposer de façon à améliorer, par leur emploi même, la distribution naturelle des rayons de la source.

Autres applications des mêmes principes. — Tous les principes qu'on vient d'exposer en ce qui concerne l'éclairage public s'appliquent, moyennant de faibles modifications, à l'éclairage des grands espaces de toute nature, en particulier des halles, quais et voies de triage des gares. Bien que cette étude sorte de notre sujet, nous signalerons en passant deux points qui nous paraissent intéressants au point de vue où nous nous sommes placés ici :

1° L'importance quelquefois prépondérante qu'on peut être conduit à accorder à l'éclairement *vertical*, lorsqu'il s'agit d'éclairer des voies et des wagons, les surfaces les plus utiles à bien voir étant des surfaces verticales ;

2° La nécessité de bien examiner quelles sont les parties réellement utiles du flux lumineux. Dans un espace clos, mais à plafond vitré, tel qu'une halle, on peut considérer comme utile le flux qui tombe non seulement sur le sol, mais encore sur des surfaces blanches diffusantes; une grande élévation des foyers peut donc être justifiée. Au contraire, pour l'éclairage des voies non couvertes, tous les rayons qui passent plus haut que les wagons sont perdus, et il y a, par conséquent, un intérêt capital à abaisser les foyers ou à concentrer leurs rayons dans un angle plus faible à l'aide de dispositifs appropriés, tels que ceux dont on parlera plus loin.

§ II. **Principes physiologiques.** — La valeur d'un éclairage public ne peut être évaluée simplement, comme on l'a supposé jusqu'ici, d'après l'éclairement mesuré au photomètre, parce que les mesures de ce genre ne peuvent tenir compte des effets physiologiques qui accompagnent le phénomène de la vision. Ceux-ci ont pour origine :

1° *La diaphragmation de la pupille*, c'est-à-dire la propriété que possède la pupille de se contracter ou de se dilater instinctivement pour régler la quantité de lumière admise sur la rétine. Chez le chat, on sait que la diaphragmation peut aller pendant le jour jusqu'à la fermeture complète; c'est même ce qui permet sans doute à cet aimable animal de conserver une sensibilité visuelle exceptionnelle pour ses promenades nocturnes.

Le diamètre de la pupille de l'homme pouvant varier en moyenne de 10 millimètres à 2,5 pour le même individu, on voit que la surface d'admission, et par suite la quantité de lumière reçue par la rétine, peut varier dans le rapport de 1 à 16; un objet peut donc, comme nous l'avons déjà signalé à plusieurs reprises [1], paraître 1 à 16 fois plus lumineux, à égalité d'éclairage photométrique, suivant l'ouverture de la pupille. Or cette ouverture se règle instinctivement d'après l'éclat intrinsèque [2] des objets situés dans le champ de la vision et varie en sens inverse de cet éclat ; on pourra donc, suivant qu'on donnera aux sources lumineuses peu ou beaucoup d'éclat, réaliser, avec la même quantité de lumière, un bon ou un mauvais effet utile sur la rétine [3].

Cet effet est facile à constater pratiquement; il suffit de regarder une salle ou une place éclairée par une source de lumière brillante placée dans le champ de la vision, en masquant et démasquant alternativement la source par un petit écran, de façon à supprimer ou rétablir son action directe sur la rétine. On trouve un éclairement beaucoup plus satisfaisant quand la lumière est masquée.

L'expression populaire qu'une source brillante a un éclat « aveuglant » ne fait ainsi que traduire ce fait d'expérience instinctive.

2° Le *contraste*, c'est-à-dire le phénomène, bien connu de tous, qui fait paraître proportionnellement plus obscurs qu'ils ne le sont réellement les objets situés à proximité immédiate d'un objet éclairé, et d'autant plus obscurs que l'éclat de ce dernier est plus vif.

Ces deux phénomènes psycho-physiques qui modifient, le premier la valeur absolue, et le second la valeur relative des éclairements apparents, peuvent rendre complètement illusoires les mesures physiques seules, et toutes les comparaisons faites sans en tenir compte sont forcément discutables. C'est ce qui explique ce fait singulier souvent constaté, et signalé au début de cette étude, qu'une augmentation absolue d'éclairage ne donne pas toujours lieu à une augmentation corrélative de la satisfaction publique. Remplace-t-on, par exemple, un éclairage au gaz par un éclairage par arcs donnant 20 à 30 °/₀ de plus de flux lumineux total, souvent le public se plaindra et demandera une augmentation du nombre de lampes. C'est un fait qu'il ne faut pas perdre de vue lorsqu'on veut substituer l'électricité au gaz.

Les effets de contraste doivent faire non seulement éviter les sources d'éclat trop vif, mais encore rechercher l'uniformisation des éclairements, car les surfaces éclairées trop vivement font paraître plus obscur le reste de l'espace. Ce phénomène se constate particulièrement dans les rues étroites : à proximité des foyers, les façades des maisons sont brillamment illuminées, et dans les intervalles, entre les foyers, elles paraissent noires par contraste; l'effet est d'autant plus nuisible

---

(1) Voir en particulier les comptes rendus de la *Société française de physique*, 1894, p. 84.

(2) L'éclat intrinsèque en un point est le rapport de l'intensité lumineuse normale produite par une petite surface du corps éclairant à l'aire de cette partie rayonnante.

(3) M. Charles Henry a consacré une importante série d'articles dans l'*Éclairage électrique* (novembre et décembre, 1894), à l'étude complète de ce phénomène dont nous ne faisons que signaler ici le principe.

que les foyers sont plus intenses et plus écartés. C'est là un motif très important pour faire adopter dans ces rues des foyers d'intensité convenablement proportionnée, de façon que leur espacement soit voisin du double de la largeur de la voie qu'ils éclairent, ainsi que nous l'avons expliqué plus haut. C'est un argument de plus en faveur des lampes à arc de 5 à 8 ampères.

Il faut donc en définitive deux choses bien distinctes pour réaliser un bon éclairage public :

1° Produire, avec une quantité de lumière donnée, un éclairement photométrique aussi satisfaisant que possible, en perdant le moins possible du flux produit ;

2° Permettre à l'œil d'en tirer le plus grand parti possible, en n'offrant à sa vue que des surfaces de faible éclat lumineux intrinsèque (ce qui oblige à diffuser la lumière), et en évitant les effets de contraste.

Autrement dit, il ne s'agit pas seulement d'obtenir un éclairement minimum déterminé, mais surtout de réaliser une harmonie dans l'éclairage. C'est ce que l'on exprime souvent sous une forme vague quand on dit qu'il faut réaliser un bon « effet d'illumination ». On est loin, comme on le verra, d'être arrivé à cette harmonie d'une manière complète, par les procédés actuels d'éclairage par arc, et on néglige trop souvent de se préoccuper de cet effet. En sachant s'en rendre compte à l'avance, on pourrait bien souvent réduire de beaucoup les dépenses nécessaires tout en obtenant le même résultat apparent.

Conclusions : *Bases pratiques d'un projet et d'un marché d'éclairage public.* — On a vu, par toutes les discussions précédentes, que les conditions généralement admises comme bases des projets d'éclairage sont insuffisantes, et qu'il y a lieu de les compléter par la considération de l'éclairement surabondant. Nous sommes à même de conclure qu'il est bon d'imposer à la fois les conditions suivantes :

1° Un éclairement moyen de la chaussée, ou mieux un éclairement moyen de toutes les surfaces éclairées utilement E_m;

2° Un éclairement horizontal minimum à la hauteur de la chaussée E_u ;

3° Un éclairement vertical minimum à une certaine hauteur. Pour simplifier, on peut se contenter de prendre cet éclairement à la hauteur de la chaussée;

4° Un éclairement horizontal surabondant moyen E_s dans un cercle de 5 mètres de rayon (par exemple) décrit autour de la verticale du foyer à la hauteur de $1^{m}50$ au-dessus du sol ;

5° Une excellente diffusion de la lumière, c'est-à-dire l'emploi de sources de faible éclat apparent et d'intensité proportionnée à la largeur de la voie éclairée.

La première condition empêche de lésiner sur la quantité de lumière fournie et d'élever trop haut les foyers.

La seconde permet d'assurer un minimum de visibilité du pavé.

La troisième permet d'assurer un bon éclairement des promeneurs et voitures.

La quatrième est celle qui répond au goût du public en lui donnant une bonne sensation d'éclairage et en lui permettant de venir lire un imprimé au pied d'un candélabre. Elle prévient aussi l'emploi de foyers trop élevés.

La cinquième enfin est absolument nécessaire pour permettre à l'œil de tirer le meilleur parti de la lumière fournie et éviter les effets physiologiques désastreux signalés tout à l'heure.

Les quatre conditions photométriques sont en réalité toujours plus ou moins connexes, mais cette connexité est trop compliquée pour qu'il soit possible de les réduire à trois seulement.

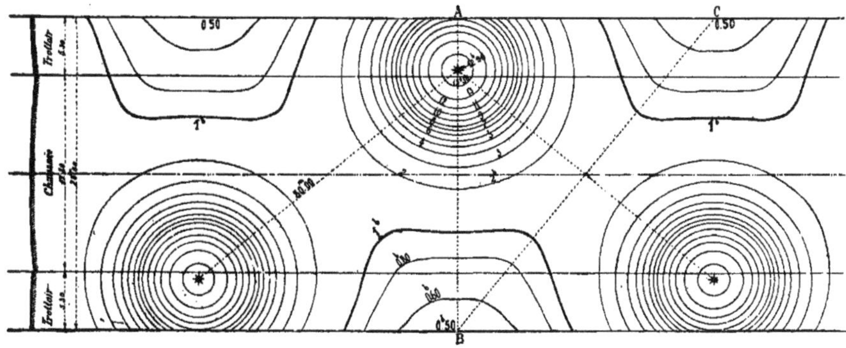

Fig. 30. — Plan d'éclairement avec des lampes à arc à courant continu de 10 ampères placées sous globes opalins. Rue Royale (partie comprise entre la place de la Concorde et la rue Saint-Honoré).

Figure extraite de l'*Éclairage à Paris*.

Il est assez délicat de fixer les valeurs à adopter pour les diverses constantes, à cause de l'accroissement continu des exigences signalé au début de cette étude. On indiquait autrefois, comme valeurs de l'éclairement moyen à réaliser, 1,5 lux pour les rues secondaires, 2 lux pour les rues importantes; les chemins de fer de l'Etat belge se contentaient même de 0,2 lux dans l'éclairage des gares. Mais aujourd'hui ces chiffres sont déjà bien dépassés; aussi le mieux est-il de se guider, dans tous les cas, sur les chiffres relevés sur un éclairage existant dans les villes de même importance que celle à laquelle s'applique le projet.

Dans le cas particulier de l'éclairage par arcs électriques, les chiffres suivants que nous empruntons en partie à M. Maréchal et à M. Wedding,

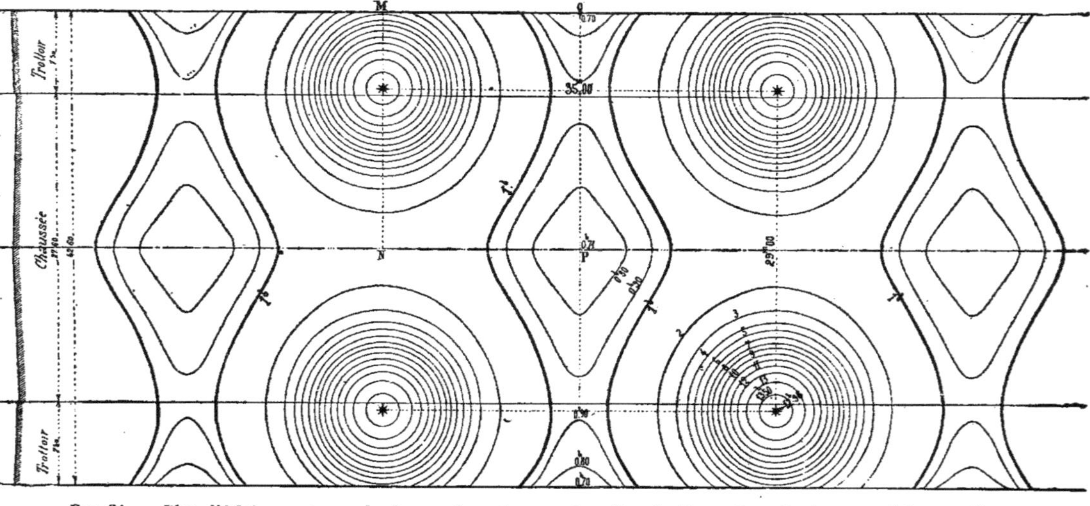

Fig. 31. — **Plan d'éclairement avec des lampes à arc à courant continu de 10 ampères placées sous globes opalins. Rue Royale (partie comprise entre la rue Saint-Honoré et la place de la Madeleine).**

Figure extraite de l'*Éclairage à Paris*.

ou que nous avons supputés d'une manière approchée d'après leurs documents, et ceux que nous fournirons plus loin, pourront rendre quelques services à titre de première indication et compléteront celles que nous avons données plus haut pour les espacements et les hauteurs [1].

Ces indications ne tiennent pas compte de la lumière diffusée par les murs; elles sont donc plutôt inférieures à la réalité.

TABLEAU VI

Exemples d'éclairements obtenus.

Constante	Paris					Berlin
	Aven. Clichy (à 4m 95)	Boulevards Secteur Popp	Rue Royale 1°	Rue Royale 2°	Boulevards Sect. Edison	— Unter den Linden dans la partie où il y a 2 rangs d'arcs.
	Lux	Lux	Lux	Lux	Lux	
E_m	2,40	3,35	3,40	0,38	1,98	
E_H	0,48	0,49	0,50	0,70	0,33	3,5 environ
E_V	0,16	0,46	0,43	0,66	0,24	
E_s	16 à 20 lux à 1m 50 de hauteur.					12 lux à 1m 50

Les plus hauts éclairements qui aient jamais été obtenus en France, semblent être ceux de la rue Royale, à Paris ; ceux-ci constituent, dans l'état actuel, un maximum qu'il est très intéressant de connaître grâce aux plans d'éclairement que M. Maréchal a calculés dans ce cas [2] et que nous reproduisons ici avec son autorisation (fig. 30 et 31), d'après son bel ouvrage que nous avons déjà cité plusieurs fois. On peut les comparer avec les résultats donnés par M. Wedding pour l'éclairage de la promenade de Unter den Linden à Berlin. La figure 32, que nous empruntons à son étude, représente par exemple (en bougies

(1) Pour toutes les villes autres que Paris et Berlin, il nous a été impossible d'obtenir des renseignements suffisamment précis pour permettre une évaluation tant soit peu sûre. Il n'y a encore que bien peu d'Ingénieurs qui se préoccupent de cette mesure, malheureusement; les premières installations photométriques un peu sérieuses viennent d'être créées à Berlin.

(2) Il convient d'ajouter que ces chiffres sont plutôt inférieurs à la réalité, car M. Maréchal a laissé de côté volontairement l'effet supplémentaire produit par les arcs des refuges. (Voir fig. 26.)

allemandes) à 1 mètre, la répartition des éclairements horizontaux sur un plan mené à 1m50 au-dessus du sol entre deux foyers de 14 ampères répartis sur l'axe de la chaussée à la hauteur de 8 mètres. La comparaison se fera en remarquant que 1 bougie allemande = 1,22 pyrs. D'autres tableaux font ressortir le minimum d'éclairement suivant l'axe de la chaussée à 5,5 lux à 1m50 au-dessus du sol. En ramenant cet éclairement par un calcul approché à ce qu'il doit être sur le sol, on trouve environ 3,6 lux.

On voit ainsi que, les foyers employés à Berlin étant à la fois plus intenses (14 ampères au lieu de 10) et plus rapprochés, l'éclairement obtenu est actuellement supérieur à celui de la rue Royale. Il est probablement dépassé, du reste, par celui de la cinquième avenue à New-

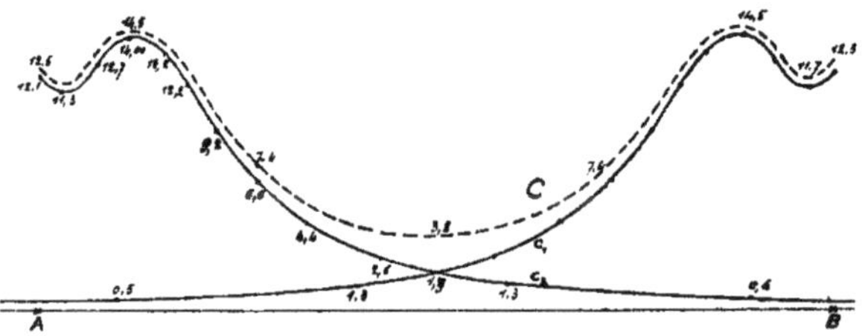

Fig. 32. — Eclairement entre deux foyers, sur la promenade Unter den Linden, à Berlin (d'après M. Wedding).

c_1, c_2, éclairements individuels; — C, éclairement résultant (en bougies allemandes).

York, sur lequel nous n'avons pu malheureusement obtenir que des renseignements incomplets.

Une autre question se pose maintenant, c'est de savoir d'après quels principes on doit conclure un *marché* avec un entrepreneur pour la *fourniture de la lumière*, autrement dit, *quelle est la marchandise qu'il convient de lui payer*.

Jusqu'ici, deux systèmes ont été employés : le plus ancien consistait à payer la lumière à tant le carcel; le plus moderne consiste à payer l'énergie à tant l'hectowatt-heure.

Le premier système a occasionné beaucoup d'ennuis à cause de la manière équivoque dont étaient rédigés les marchés, l'expression « carcel » ne signifiant rien par elle-même, si l'on ne définissait pas la direction dans laquelle l'intensité devait être mesurée. On a pris cette précaution dans quelques villes (1), mais dans bien d'autres,

(1) Par exemple cette mesure est faite sous les angles de 45° — 55° à Saint-Pétersbourg, 60° à Berlin (ces angles étant mesurés à partir de la verticale).

notamment à Paris, on l'a omise. Dans ces conditions, on se trouvait désarmé vis-à-vis des concessionnaires, qui pouvaient ensuite prétendre que l'intensité stipulée se rapportait à la direction du maximum, suivant l'habitude trop commode admise par les gaziers (1). Pour mettre fin à ces discussions, on a été amené à supprimer toute photométrie et à définir les lampes par leur intensité de courant (2) : c'est le système adopté aujourd'hui à peu près dans toutes les installations nouvelles. Il est séduisant par sa simplicité, car il se prête à un contrôle facile.

Mais cette manière de faire présente un grave inconvénient qu'on ne prévoit pas toujours suffisamment : elle conduit à une mauvaise utilisation de l'énergie. En effet, aucune clause n'imposant au concessionnaire un bon rendement lumineux, celui-ci n'a aucun intérêt à tirer un plus ou moins bon parti de ses lampes. Il emploiera donc de préférence des charbons de gros diamètre pour réduire la fréquence de leur renouvellement, ce qui abaisse dans une énorme proportion le rendement lumineux (3), et se dispensera de rechercher des dispositifs permettant d'utiliser la lumière émise vers le ciel par ses lampes.

C'est ainsi qu'en France, comme nous le montrerons prochainement, il n'y a pas actuellement, à notre connaissance du moins, une seule installation d'éclairage public par arc à courants alternatifs satisfaisante au point de vue photométrique (4); toutes gaspillent la moitié au moins de leur lumière, et le concessionnaire s'en désintéresse complètement.

---

(1) Les foyers à gaz sont ordinairement définis par leur intensité maxima qui, pour les uns, se présente dans la direction horizontale, et pour les autres (Wenham par exemple), dans la direction verticale, et ce sont ces chiffres qu'on rapporte aux consommations de gaz pour comparer les divers brûleurs.

(2) Les Ingénieurs américains et quelques Ingénieurs européens ont choisi un autre moyen bien original et non moins discutable pour simplifier la question : ils ont décidé d'appeler officiellement lampe de 1000 bougies, toute lampe de 10 ampères, même si elle ne fournit que 5 ou 600 bougies, comme c'est le cas ordinaire.

On ne voit pas bien l'utilité d'une pareille convention, car elle n'est qu'une fiction inutile ; du moment qu'on ne fait pas de mesure photométrique, il vaut bien mieux s'en tenir franchement à l'indication des constantes électriques.

(3) Ce fait est bien connu de tous ceux qui ont manié l'arc électrique. Comme exemple topique, nous croyons utile cependant de citer un essai pratique récemment exécuté en Amérique et qui a fourni les chiffres suivants :

Nature des crayons	Diamètre	Durée	Puissance électrique consommée	Intensité lumineuse horizontale	Rapport de l'intensité à la puissance
—	—	—	—	—	—
	m/m	h. m.	watts	bougies	bougie par watt
Crayon Union à âme.	11,5	18,53	361	159	0,44
	»	12	424	316	0,75
Crayon Washington homogène.	»	9,14	445	359	0,80

Le rendement varie donc presque du simple au double suivant la durée.

(4) On reviendra plus loin sur cette intéressante question.

Il n'en serait pas de même si l'on adoptait un autre mode d'évaluation. Le seul logique, c'est le flux lumineux utile qui, d'après ce que l'on a vu plus haut, se confond sensiblement en pratique avec le flux hémisphérique inférieur. La véritable base d'un contrat d'éclairage devrait donc être la quantité de lumière émise au-dessous de l'horizon, évaluée en *lumens-heures* (1) (de même que l'énergie s'évalue en watts-heures). C'est en effet du nombre de lumens que dépend le nombre de mètres carrés auxquels on peut donner un éclairement moyen fixé.

Pratiquement, on pourrait élever quelques critiques contre ce procédé, à cause de la difficulté des vérifications. Mais il est facile, croyons-nous, d'échapper à l'objection, par la combinaison suivante qui ramène le contrôle à ce qu'il est aujourd'hui :

1° Le marché est conclu pour un nombre de tant de lumens-heures hémisphériques par lampe ;

2° Le concessionnaire doit faire agréer son type de lampe, faire connaître les conditions dans lesquelles il entend reproduire cet éclairage et en fournir la preuve expérimentale par une mesure telle que le fait couramment le Laboratoire central d'Électricité. Un certificat de celui-ci peut faire foi.

Les constantes indiquées seront : le voltage aux bornes, l'intensité du courant et le diamètre des charbons (qu'on a le tort de ne jamais indiquer dans les marchés);

3° Une fois ces trois éléments indiqués, la vérification portera uniquement sur eux tant que le concessionnaire ne proposera aucune modification;

4° A chaque modification de ses appareils, procédés ou dispositifs de production *de la lumière*, le concessionnaire notifiera ses nouvelles constantes et les justifiera comme la première fois;

5° S'il est constaté que la modification proposée permet de réduire la dépense tout en produisant le même flux de lumière utile, la ville et le concessionnaire partageront par moitié (ou sous telle autre proportion qu'on préférera) l'économie nette ainsi réalisée.

Cette combinaison ne complique, comme on le voit, en rien le service d'un éclairage municipal, puisque toutes les opérations de justification, à la charge du concessionnaire, ne se répéteront qu'autant qu'il y trouvera lui-même intérêt, et que le contrôle municipal est pratiquement le même que dans le cas d'un marché d'énergie. Elle laisse, par contre, la voie ouverte aux progrès, et, contrairement à la plupart des cahiers des charges actuels, elle donne une *prime* à l'uti-

(1) M. Hospitalier a proposé d'appeler cela l'*éclairage*.

lisation de la lumière et à l'emploi de dispositifs permettant de renvoyer vers le sol la lumière actuellement perdue vers les nuages (1).

L'étude de ces dispositifs eux-mêmes, en même temps que de la distribution et de la diffusion artificielles des rayons, fera l'objet d'un prochain article.

(1) A Toulouse, les auteurs du cahier des charges de 1891, qui ont su prévoir une modification possible des procédés d'éclairage indépendamment des procédés de production de l'électricité, ont adopté une rédaction différente, que voici :

» Si un nouveau procédé, appareil ou dispositif permettait de réduire dans une proportion notable le nombre de watts nécessaires à la production d'une même quantité de lumière, la Ville aurait le droit d'exiger l'application de ce procédé, appareil ou dispositif à l'éclairage municipal. Les watts ainsi économisés seraient employés à l'alimentation de nouvelles lampes réparties suivant les indications du maire. »

Cette clause, que certains ingénieurs seraient peut-être disposés à préférer à celle que nous proposons, est excellente en théorie; mais elle a trois inconvénients en pratique :

1° Elle ne spécifie pas d'une manière suffisante ce que l'on doit entendre par quantité de lumière;

2° La forme des crayons n'ayant pas été définie, la Compagnie reste libre de la modifier à son gré pour augmenter la durée sans que la Ville puisse s'y opposer, malgré la perte de lumière qui en résulte;

3° L'installation de nouvelles lampes étant à la charge du concessionnaire, celui-ci a tout à perdre et rien à gagner aux perfectionnements prévus, qui doivent profiter à la Ville seule. Loin de les proposer, il cherchera donc à éviter qu'ils ne soient connus et adoptés.

La rédaction que nous indiquons plus haut semble meilleure, peut-être aussi est-elle plus équitable; car si le contrat a été rédigé comme il doit l'être aujourd'hui, c'est-à-dire d'après le principe que l'éclairage public constitue une sorte de publicité payante pour la Société qui l'entreprend, celle-ci doit éprouver de ce chef une perte annuelle plus ou moins importante et il est juste de lui laisser l'occasion de la réduire au bout de quelques années.

IMPRIMERIE CHAIX, RUE BERGÈRE, 20, PARIS. — 7336-4-95. — (Encre Lorilleux).

www.ingramcontent.com/pod-product-compliance
Ingram Content Group UK Ltd.
Pitfield, Milton Keynes, MK11 3LW, UK
UKHW021031180726
13838UKWH00004B/1735

9 782329 345314